房地产类规划教材

居住区规划设计

JUZHUQU GUIHUA SHEJI

主　编　李　益　潘　娟　赵月苑
副主编　沈渡文　马　捷　徐阳会
参　编　李秋娜　何　媛　鲁　婕　彭丽莉
主　审　倪　珂

西南交通大学出版社
·成　都·

图书在版编目（CIP）数据

居住区规划设计 / 李益，潘娟，赵月苑主编. —成都：西南交通大学出版社，2018.6
房地产类规划教材
ISBN 978-7-5643-6205-8

Ⅰ. ①居… Ⅱ. ①李… ②潘… ③赵… Ⅲ. ①居住区－城市规划－设计－高等职业教育－教材 Ⅳ. ①TU984.12

中国版本图书馆 CIP 数据核字（2018）第 114550 号

房地产类规划教材
居住区规划设计
主编 李 益 潘 娟 赵月苑

责任编辑	杨 勇
封面设计	何东琳设计工作室
出版发行	西南交通大学出版社 （四川省成都市二环路北一段 111 号 西南交通大学创新大厦 21 楼）
发行部电话	028-87600564 028-87600533
邮政编码	610031
网 址	http://www.xnjdcbs.com
印 刷	四川煤田地质制图印刷厂
成品尺寸	185 mm × 260 mm
印 张	9.25
字 数	214 千
版 次	2018 年 6 月第 1 版
印 次	2018 年 6 月第 1 次
书 号	ISBN 978-7-5643-6205-8
定 价	42.00 元

课件咨询电话：028-87600533
图书如有印装质量问题 本社负责退换

前言

为适应新时期职业教育对高素质应用型人才培养定位，我们结合乡村振兴战略实施和改善型居住环境为前提的居住区规划发展新趋势编写了本书。本书也是在“重庆市高等教育教学重点研究项目（项目编码：162091）”对建筑行业转型升级调研基础上，探索人才培养模式创新研究成果。

本书结合职业教育应用型人才培养目标，从行业岗位对人才能力需求出发，结合培养对象的学习思维模式，构建了基于居住区规划系统化工作过程为导向的教材，将规划基础—结构与布局—场地规划—住宅、景观—经济指标等内容清晰地串联起来。其中，任务三到任务六为规划区设计构思的主体内容部分。以规划项目为载体，将理论知识与岗位技能融为一体，同时有机地将规范合理穿插其中，让读者在设计中熟悉规范，实现学习与就业的零距离对接。

本书突破了传统教材的编写方式，注重理论与实践相结合，内容丰富，案例翔实，讲述直接而又生动，使读者切实了解时下行业的动态。

本书内容可按照 96 学时安排，推荐学时分配：

任务一：6 学时。

任务二：6 学时。

任务三～任务五：72 学时。

任务六：6 学时。

机动学时：6 学时。

教师可根据不同的使用专业灵活安排学时。

本书可作为建筑设计、城镇规划、城乡规划管理类专业，房地产经营与估价及相关专业的教材或参考用书，对设计人员及房地产管理者均有参考价值。

本书由重庆房地产职业学院李益、潘娟、赵月苑、沈渡文等老师承担主要的编写工作。李益负责任务四、任务六和全书的统稿及修改、完善工作；潘娟负责任务一、马捷负责任务二的编写工作，沈渡文负责任务三的编写工作，赵月苑和徐阳会负责任务五的编写工作，注册城市规划师倪珂担任本书的主审工作。李秋娜、何媛、鲁婕和彭丽莉等参编人员主要负责案例的搜集、文稿的校核等工作。在编写本书的过程中，编者受到多位行业同行指点，他们无私地为此书的编写奉献自己的力量，在此一并表示感谢！

同时，编者参考和引用了国内外大量最新工程实例，以便于教学，如重庆招商滨江花园城、大华京郊别墅一期规划、南充市一号公馆、三亚凤凰水城 C 地块规划、张家界龙庭国际、江西·梦湖丽景等，在此谨向原设计者表示衷心感谢。

由于编者编写时间仓促，水平有限，书中难免存在不足和疏漏之处，敬请各位读者批评指正，以便今后改进。

编　者

2018 年 3 月

目 录

任务一　居住区规划基础

1.1 城市规划概述及居住区产生

1.1.1 城乡规划体系

1. 城乡规划内涵

根据国家标准《城市规划基本术语标准》，城市规划是：“对一定时期内城市的经济和社会发展、土地利用、空间布局以及各项建设的综合部署、具体安排和实际管理。”这是从城市规划的主要内容对城市规划所做的定义。随着我国国民经济的发展及城市化进程的加快，此种城乡二元分治、偏重技术管理、监督机制不完善城市规划法规体系不再适应中国城乡的规划设计。因此 2007 年 10 月 28 日，第十届全国人民代表大会常务委员会第三十次会议通过了《中华人民共和国城乡规划法》(以下简称《城乡规划法》)，并于 2008 年 1 月 1 日起正式施行。

《城乡规划法》从城乡规划的社会作用的角度对城乡规划作了如下定义：“城乡规划是各级政府统筹安排城乡发展建设空间布局，保护生态和自然环境，合理利用自然资源，维护社会公正与公平的重要依据，具有重要公共政策的属性。”

《城乡规划法》的施行，标志着我国将打破建立在城乡二元结构上的规划管理制度，进入城乡一体规划时代。消除城乡二元结构，统筹城乡建设和发展，实现城乡一体化，协调城乡空间布局，促进城乡经济社会全面协调可持续发展，是现阶段的重要工作。

2. 城乡规划体系

目前我国的城乡编制体系包括城镇体系规划、城市规划、镇规划、乡规划和村庄规划。城市规划、镇规划分为总体规划和详细规划。详细规划分为控制性详细规划和修建性详细规划。城市规划体系包括三个方面的内容：城乡规划法律法规体系、城乡规划行政体系和城乡规划工作体系。其中城乡规划法律法规体系是城乡规划体系的核心，城乡规划体系如图 1.1 所示。

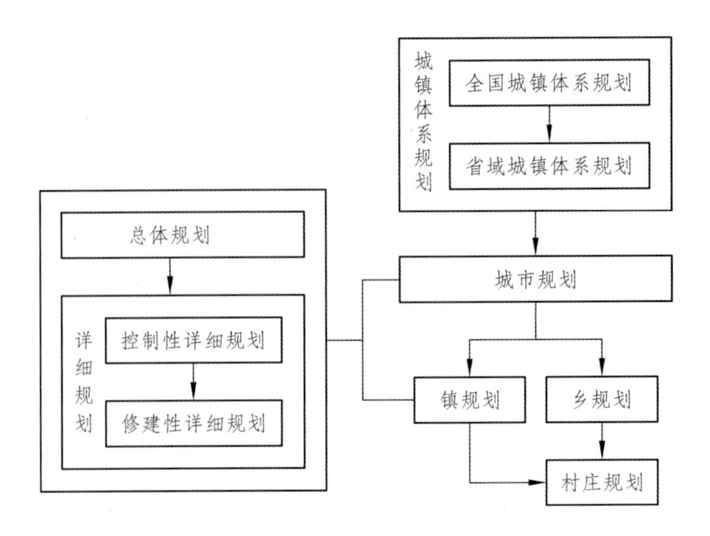

图 1.1 城乡规划体系

《城乡规划法》确定的城乡规划体系，体现了一个突出特点，即一级政府、一级规划、一级事权，下位规划不得违反上位规划的原则。规划作为政府的职能，第一不能超越其行政辖区，第二不能超越法定的行政事权。上级政府与下级政府之间，也同样存在点与面的关系。市县政府需要协调乡镇的发展，省（自治区）政府需要协调市县的发展，中央政府需要协调各省区的发展。各级政府都要从实施科学管理的需要出发，制定和实施本级政府的规划。国家、省、县要制定协调多个次一级行政地域单元空间发展的城镇体系规划，市、镇、乡要制定本行政区域的总体规划和详细规划。

3. 居住区规划设计在城乡规划体系中的地位和作用

居住是人类生存、生活的基本需要之一。《雅典宪章》将城市功能分为四类：居住、工作、游憩和交通。居住排在首位，说明居住区对城市而言至关重要。居住空间是城乡空间的延续，是城乡重要组成部分，居住区规划是满足居民的居住、工作、文教、生活等方面要求的综合性建设规划，是修建性详细规划的主要内容之一，它在一定程度上反映了一个国家或一个国家不同历史时期的社会、政治、经济、科技的发展程度。

1.1.2 城市居住区规划思想演变

1. 古代城市居住区规划思想演变

我国商代开始出现城市的雏形。在早期的河南偃师商城、中期的郑州商城和湖北的盘龙城以及位于今天安阳的殷墟等都城，都有了城镇居住空间的布局。而在周代王城的建设中，成书于春秋战国的《周礼·考工记》对其城市居住的空间格局做了记述："匠人营国，方九里，旁三门。国中九经九纬，经涂九轨。左祖右社，面朝后市。"（图 1.2）这种主要受占统治地位的儒家思想的影响，体现社会等级和社会秩序而产生的严谨、中轴对称的规划格局，对中国古代城市特别是古都城的规划实践产生了深远的影响。至此里坊制在城市规划中基本形成，西汉到唐代年间发展到鼎盛期。

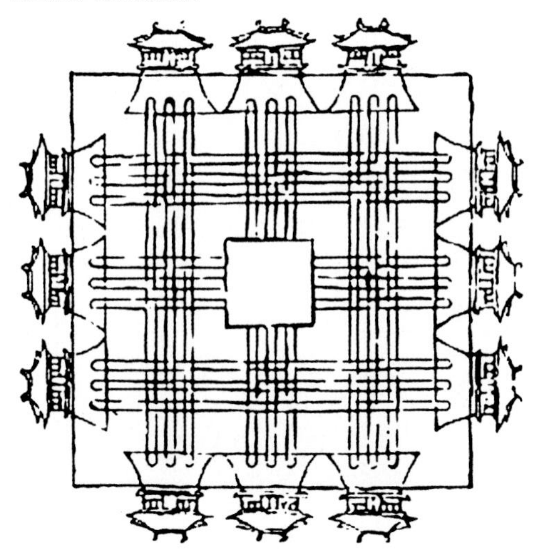

图 1.2《考工记》王城图

唐长安城规模宏大，人口达 100 万，用地 80 km^2，由宇文恺负责制定规划。整个城市布局严整，道路系统、里坊、市肆分区明确，呈中轴对称布局。城市集中设置东西两市，由干道划分 108 坊，作为居民区的基本单位。（图 1.3）每个里坊设有坊墙、坊门，每晚实行宵禁，坊门关闭，禁止出入。（图 1.4）这种由纵横道路网划分的方整里坊制，充分体现了以宫城为中心“官民不相参”和便于管制的指导思想。

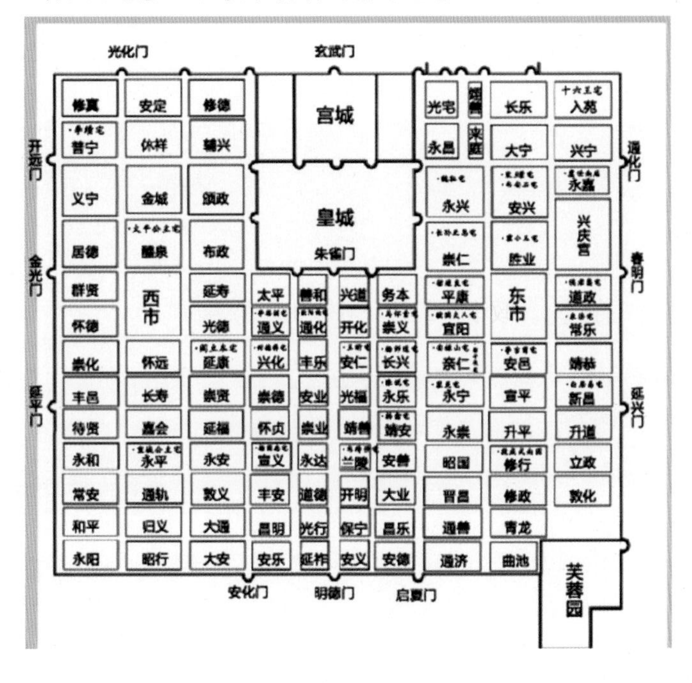

图 1.3 唐长安复原图

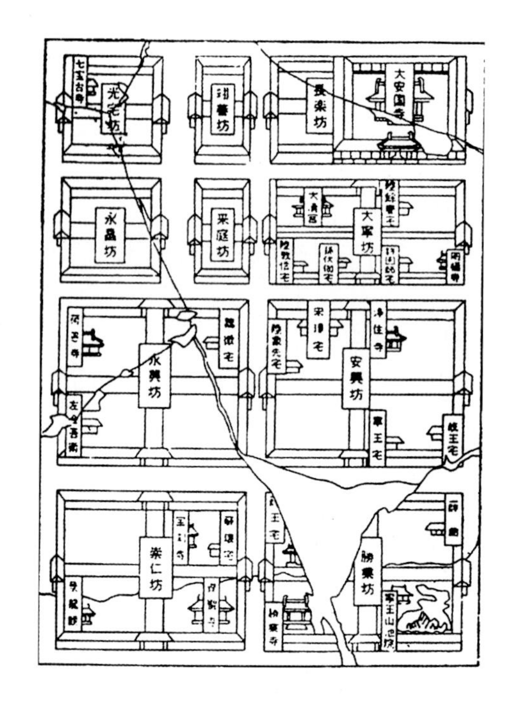

图 1.4 唐长安的里坊制复原图

北宋中叶以后，商业和手工业的发展使封闭的单一居住性的里坊制不能适应新的社会经济状况和城市生活的变化，坊墙逐渐被商店所代替，住宅直接面向街巷，与商店、作坊混合排列。坊内的街改造为东西向为主的“巷”，巷直达干道，交通大为便利。北宋都城东京（汴梁）即为典型代表（图 1.5）。这样延绵千年的封闭的里坊制度逐渐被废除，形成了开放的街巷制度。

图 1.5《清明上河图》（部分）街景

封建社会后期，生产力发展相对缓慢，居住区的组织形式无较大变化。城市除分布各处的寺庙、塔坛、王府、宫邸外，其余均为民宅、作坊、商业服务等建筑，居住区则以胡同划分为长条形的地段，间距约 70 m，中间一般为三进四合院相并联，形成了大街—胡同—四合院的三级组合结构（图 1.6）。

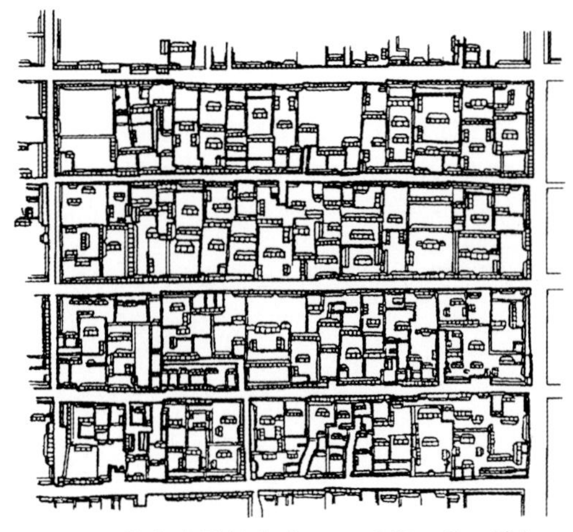

图 1.6 北京典型的街巷——“街—巷—院”

欧洲封建社会时代，大多数城市都是在罗马营寨城的基础上发展起来的，多以道路分隔城市为小坊的组织形式延续至资本主义社会的前期，17—19 世纪，欧美国家一些城市的规划和建设均采用这种方式，住宅一般与城市其他建筑混杂一起自后发展，生产、生活和居住混为一体，城市格局实际上也是一个大居住区。

2. 近现代城市居住区规划思想演变

1）街坊里弄

18 世纪后叶，生产力水平急剧加大，城市人口增长迅速，城市居住环境质量不断下降。为适应城市整体的变化，住宅建设出现了二、三层联排式为基本类型的里弄式布局。实际上是街巷、三合院在空间压缩中的变态。

城市居住区的组织形式就形成了街—弄—里三级组合结构。所谓街是城市行车干道，街两侧分支为弄，弄两侧分支为里（图 1.7），里弄一般不通机动车，日照、采光、通风条件较差，几乎没有绿化，空间呆板单调（图 1.8、图 1.9）。

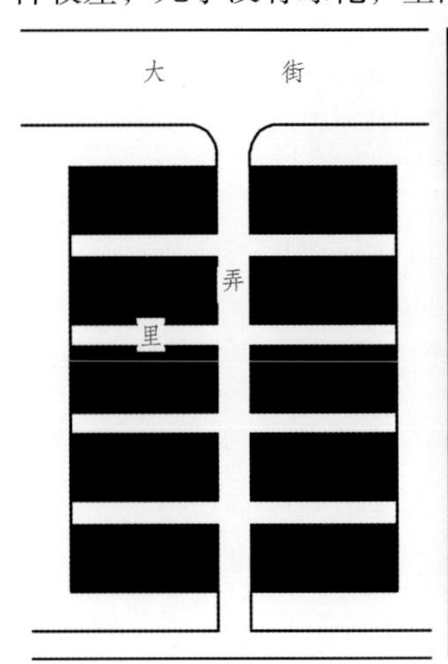

图 1.7 里弄平面图

图 1.8 里弄实景 1

图 1.9 里弄实景 2

2）邻里单位

20世纪30年代，美国人西萨·佩里提出的“邻里单位”的住宅区规划理论（图1.10）。以邻里单位为居住区的基本组织形式和构成城市的“细胞”，以改善由现代工业和交通的发展带来的安全、环境、便利等方面的问题。

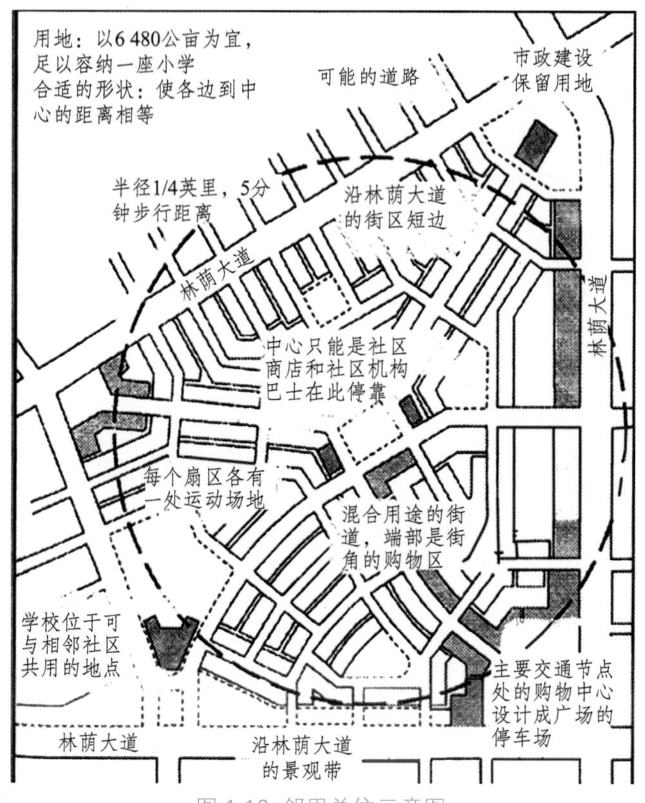

图1.10 邻里单位示意图

佩里的邻里单位主要有6项原则组成：

边界 邻里单位周围为城市道路所包围，这些道路不穿过邻里单位内部，且应足够宽以满足交通通行，避免汽车从居住单位内穿越。

规模 以小学的合理规模为基础控制邻里单位的人口规模。

开放空间 提供小公园和娱乐空间系统，用来满足特定邻里的需要。

机构用地 学校和其他机构的服务范围应当对应于邻里单位的界线，应适当地围绕一个中心或公共用地进行成组布置。

地方商业 与服务人口对应的一个或多个商业区应布置在邻里单位的周边，最好是处于交通的交叉处或与临近邻里的商业设施共同组成商业区。

内部道路系统 邻里单位应当提供特别的街道系统，第一条道路都要与它可能承载的交通量相适应，整个街道要设计得便于单位内的运行同时又能组织过境交通的使用。

3）扩大街坊

邻里单位被广泛采纳的同时，苏联等国提出了扩大街坊的组织形式。其原则与邻里单位类似，强调轴线构图和周边式布置的扩大街坊，在空间布局上不如邻里单位自由灵活，但扩大街坊可形成完整的街景和内向性的院落空间（图 1.11）。

图 1.11　北京百万庄扩大街坊规划平面图

1—办公楼；2—商场；3—小学；4—托幼；5—集中绿地；6—锅炉房；7—联立式住宅

4）居住小区

在“邻里单位”理论的基础上，发展了“居住小区”理论。两者比较相近，但也有不同的地方，主要是规模和实践方面。“居住小区”理论要点主要有以下几个方面：

（1）“居住小区”是居住区的构成“细胞”。

（2）“居住小区”是由城市干道或城市干道与自然界线（如河流等）划分，并不为城市交通干道所穿越的完整地段。“居住小区”内部的道路与外部的道路有明显的不同和分工。

（3）“居住小区”内的居住建筑、公共建筑、绿地等予以综合解决，并设置一整套为居民日常生活需要的公共服务设施和机构，一般的生活服务都可以在小区内得到解决。

（4）“居住小区”不限于以一个小学的规模来控制，而是以小学的最小规模为其人口规模的下限，以小区的公共服务设施的最大服务半径为控制用地规模的上限。

（5）住宅建筑的布置要求较多地考虑朝向和间距。

5）居住区

居住区是具有一定的人口和用地规模，并集中布置居住建筑、公共建筑、绿地、道路以及其他各种工程设施，被城市街道或自然界限所包围的相对独立地区。它由多个居住小区组成，除小区级公共中心外，同时设有更加完善的居住区级公共中心。

6）扩大小区

为了适应现代城市交通的需要和更齐全的配置公共服务设施，有人提出将小区的规模扩大，建立“扩大小区”。即在城市干道间的用地内（一般 100 ~ 150 hm^2）不明确划分居住小区的一种组织形式。其公共服务设施结合公交站点布置在扩大小区边缘。

7）综合居住区

“综合居住区”是将居住和工作环境布置在一起的一种居住组织形式。这种组织形式使居民生活与工作更加方便，减少了交通，节约了实践，也丰富了城市建筑空间形态。

1.2 居住区规模、规划结构、用地组成

1.2.1 居住区规模分级

居住区规模包括人口规模和用地规模两方面。其中根据人口规模进行分级配套是居住区规划的基本原则。现行《城市居住区规划设计规范》（GB 50180—93，2002 年版）按不同的人口数或户数将城市居住区划分为居住区、居住小区、居住组团三个级别。各级标准控制规模，见表 1-1 规定。

表 1-1　居住区分级控制规模

级　别		居住区	小　区	组　团
衡量标准	户数 / 户	10 000 ~ 16 000	3 000 ~ 5 000	300 ~ 1 000
	人口 / 人	30 000 ~ 50 000	10 000 ~ 15 000	1 000 ~ 3 000

1.2.2 居住区用地构成

居住区规划总用地包括居住区用地和其他用地两大类。其中居住区用地是规划可操作用地，通常由住宅用地、公建用地、道路用地和公共绿地四项用地构成，这四项用地既相对独立又互相联结，是一个有机整体，每项按合理的比例统一平衡，其中住宅用地一般占居住区用地的 50% 以上，是居住区比重大的用地。其他用地为居住区规划范围内，除居住区用地以外的各种用地，包括非直接为本区居民配建的道路用地、其他单位用地、保留用地以及不可建设的用地等，此项用地不参与百分比平衡。

住宅用地　住宅建筑基底占地及其四周合理间距内的用地 (含宅旁绿地、宅间小路和杂物院等) 的总称。

公共服务设施用地　一般称公建用地，是与居住人口规模相对应配建的、为居民服务和使用的各类设施的用地，应包括建筑基底占地及其所属场院、绿地和配建停车场等。

道路用地　居住区范围内各级道路的用地，包括道路、回车场、停车场及小广场，但不包括计入住宅用地和公建用地内的道路用地。

公共绿地　满足规定的日照要求、适合于安排游憩活动设施的、供居民共享的集中绿地，

包括居住区公园、小游园和组团绿地及其他块状带状绿地等。

居住区内各项用地所占比例的平衡控制指标应符合表 1–2 规定。而小区人均居住用地控制指标按照建筑气候区、居住区规模、住宅层数三项因素决定。一般情况下，住宅层数越高，居住密度相应越高，人均居住用地则越低。地理纬度较高地区，采用上限，较低地区采用下限；住宅建筑面积标准较高地区采用上限，反之采用下限。详细人均居住用地控制指标参考表 1–3 规定。

表 1–2　居住区用地平衡控制指标　　%

用地构成	居住区	小　区	组　团
1. 住宅用地（R01）	50 ~ 60	55 ~ 65	70 ~ 80
2. 公建用地（R02）	15 ~ 25	12 ~ 22	6 ~ 12
3. 道路用地（R03）	10 ~ 18	9 ~ 17	7 ~ 15
4. 公共绿地（R04）	7.5 ~ 18	5 ~ 15	3 ~ 6
居住区用地（R）	100	100	100

表 1–3　人均居住区用地控制指标　　m^2/人

居住规模	层　数	建筑气候区划		
		Ⅰ、Ⅱ、Ⅵ、Ⅶ	Ⅲ、Ⅴ	Ⅳ
居住区	低　层	33 ~ 47	30 ~ 43	28 ~ 40
	多　层	20 ~ 28	19 ~ 27	18 ~ 25
	多层、高层	17 ~ 26	17 ~ 26	17 ~ 26
小　区	低　层	30 ~ 43	28 ~ 40	26 ~ 37
	多　层	20 ~ 28	19 ~ 26	18 ~ 25
	中高层	17 ~ 24	15 ~ 22	14 ~ 20
	高　层	10 ~ 15	10 ~ 15	10 ~ 15
组　团	低　层	25 ~ 35	23 ~ 32	21 ~ 30
	多　层	16 ~ 23	15 ~ 22	14 ~ 20
	中高层	14 ~ 20	13 ~ 18	12 ~ 16
	高　层	8 ~ 11	8 ~ 11	8 ~ 11

注：本表各项指标按每户 3.2 人计算。

1.3 居住区规划的原则、要求、内容及成果

1.3.1 居住区规划设计的原则

1. 可行性原则

（1）依据上位规划要求　具体包括城市总体规划，分区规划以及控制性详细规划的内容。

以城市总体规划、土地利用规划以及地方相关设计法规为主要设计依据，确定该地区的用地属性及功能地位。

根据控制性详细规划中提出的控制性指标，如容积率、建筑密度、建筑限高等要求，同时还应遵循该指导性原则，如建筑风格、建筑色彩等要求作为设计原则。

在该原则指导下完成方案设计，应该充分体现上位规划中明确要求的属性、定位及设计指标内容。

（2）与周边地块的关系　设计应与周边地块相融合入，充分发挥周边现有基础设施或其他便民设施，并在设计中考虑与现有设施的功能对接或是功能的延续。

2. 适用性原则

结合居民的日常活动规律，综合考虑建筑朝向、日照间距、通风、防灾、户型结构、配建设施及管理要求，创造安全、卫生、方便、舒适和优美的居住生活环境。

3. 经济性原则

坚持因地制宜原则，充分利用规划用地内有保留价值的河流水遇、地形地物、植被、道路建筑物与构筑物。建筑总体布局时，在保持合理建筑间距的情况下，充分利用建筑之间消极空间以及建筑红线外控制的用地。同时，合理拼接住宅建筑即可解决建筑建设的经济成本，更利于管线的敷设。

4. 艺术性原则

居住区规划设计的艺术性是鉴于解决了功能的基础上应遵循的一项重要原则。通过艺术处理手法，为居民创造丰富的内外空间、漂亮的建筑外形、优美的绿化环境应是当今规划设计者所追求的更高方向。

1.3.2 居住区规划设计的要求

1. 使用要求

住宅类型、布局方式、公建配套项目、室内外活动场地、绿地及内外交通等满足居民的日常使用要求。

2. 卫生要求

建筑有良好的日照、通风、防灾、防止噪声和空气污染，小区给排水、集中供暖体统等安排合理，有条件时应利用太阳能、雨水等自然资源，满足可持续发展的要求。

3. 安全要求

小区内道路系统规划合理，保障区内交通安全，建筑按有关规定，对建筑的防火、防震构造、安全间距、安全疏散通道与场地、人防地下构筑物等作必要安排。

4 美观要求

合理地利用艺术处理手法，将小区内建筑物、构筑物、道路、植物、水体、小品等有机结合，为居民创造舒适、优美且具有较高文化品位和审美境界的生态居住空间。

5. 经济要求

运用规划布局手法和技术设计，降低小区建设造价和节约城市用地。

6. 施工要求

规划设计应有利于施工的组织和经营。

1.3.3 居住区规划设计的内容

居住区规划设计属于修建性详细规划设计，其具体内容应根据城市总体规划要求和建设基地的具体情况确定，一般应包括选址定位，确定规模（人口规模和用地规模），建筑类型及用地布置形式，公共服务设施的内容、规模、数量、标准及分布，各级道路宽度、断面、布置方式及出入口，估算指标，拟订工程规划设计方案、规划设计说明及技术经济指标计算等。

1.3.4 居住区规划设计的成果

具体的规划设计图纸及文件成果包括现状及规划分析图、规划设计方案图、工程规划设计图、形态规划设计意向图及规划设计说明和技术经济指标（以重庆招商滨江花园城方案文本为例）。

1. 现状及规划分析图（如图 1.12 ~ 1.15 所示）

（1）基地现状及区位关系图：包括人工地物、植被、毗邻关系、区位条件等。

（2）基地地形分析图：包括地面高程、坡度、排水等分析图。

（3）规划设计分析图：包括规划结构与布局、道路系统、公建系统、绿化系统、空间环境等分析。

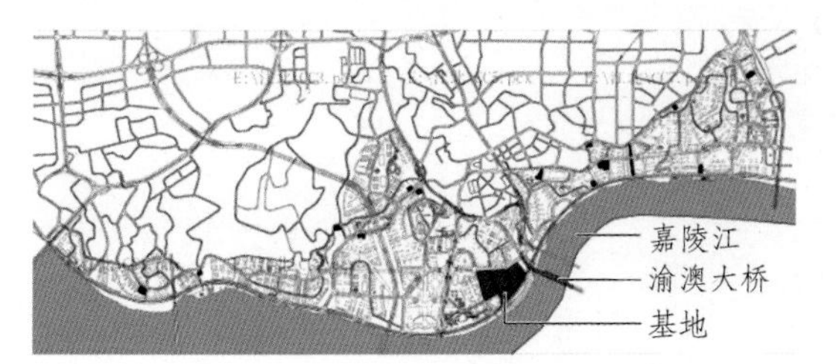

本项目地处重庆市江北区董家溪地区，用地面积142 500 m²，设计容积率3.0。

基地现为一化工厂旧址，用地内西侧有一条较大的冲沟，东侧为渝澳大桥，南临嘉陵江北岸滨江路。

整个地块南低北高，地块的中部及北岸地势较高，东西侧及南侧较低，自然高差最大约21 m，地块最大进深约300 m，东西沿江长达550 m。

图 1.12　区位分析图

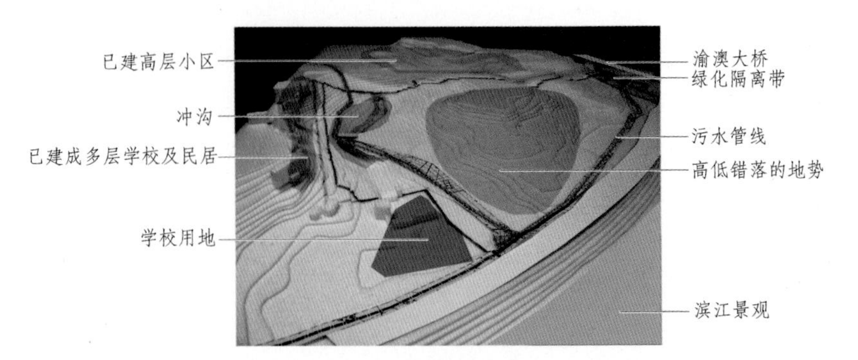

图 1.13 基地分析图

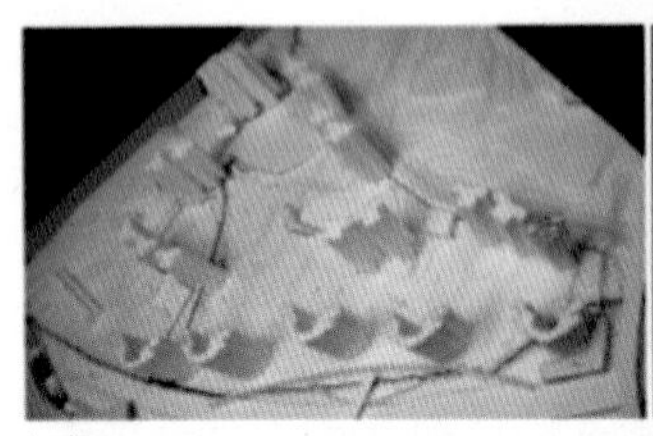

方案A
内院空间与外部空间较为通透，
一线江景户数偏少，沿江形态单调。

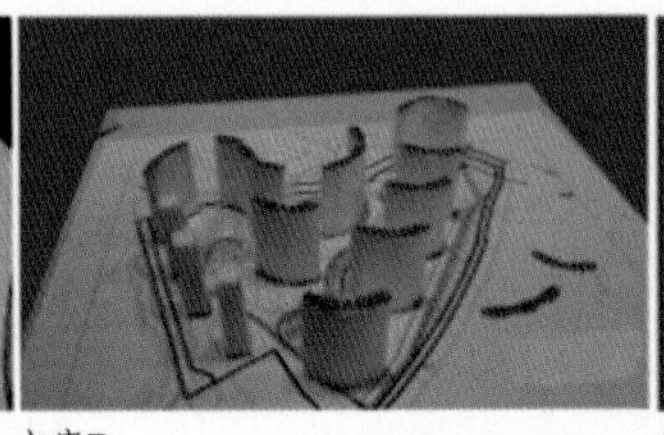

方案B
建筑形体连贯流畅，景观面大，与
地势融合，内部庭院空间过于拥堵。

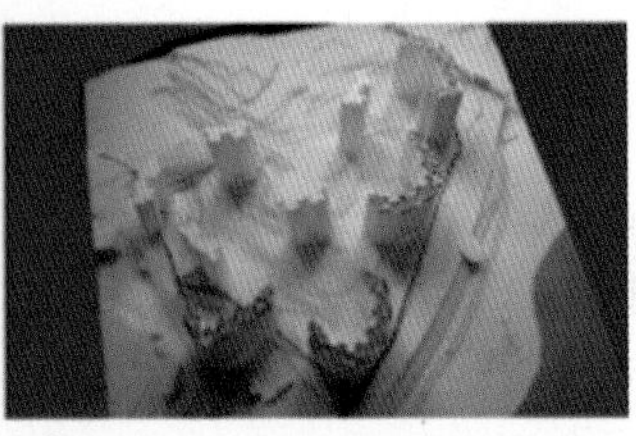

方案C
一线江景户数多，形态自由连贯，
沿江体量过大，局部空间局促。

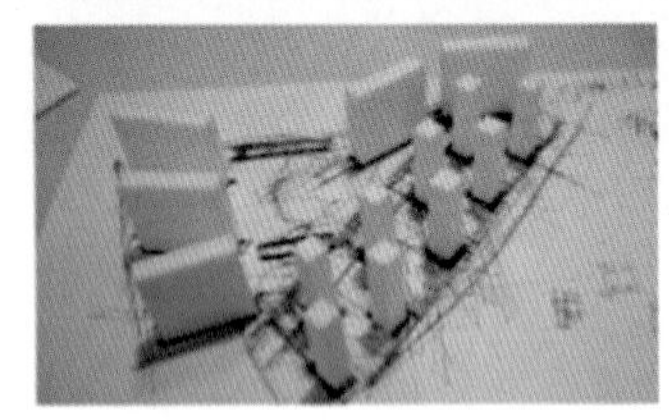

方案D
内院空间与外部空间较为通透，
一线江景户数较少，沿江形态过于呆板。

方案E
一线江景户数多，内庭院空间富有层次，沿江空间形态生动。

图 1.14 规划方案过程图

图 1.15 规划方案模型

2. 规划设计方案图（如图 1.16 ~ 1.19 所示）

（1）规划总平面图：包括各项用地界线确定及布置、住宅建筑群体空间布置、公建设施布点及社区中心布置、道路结构走向停车设施及绿化布置等。

（2）建筑选型设计方案图：包括住宅各类型平、立、剖面图，主要公共建筑平、立、剖面图等。

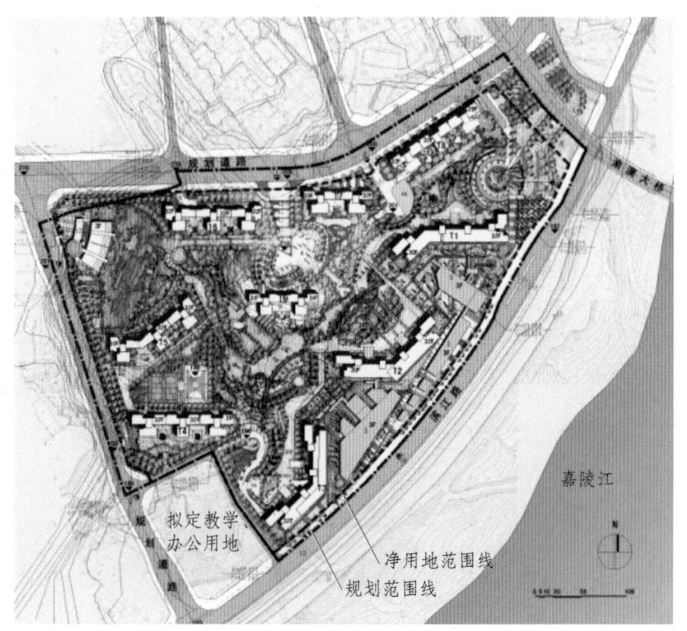

图 1.16 总平面图

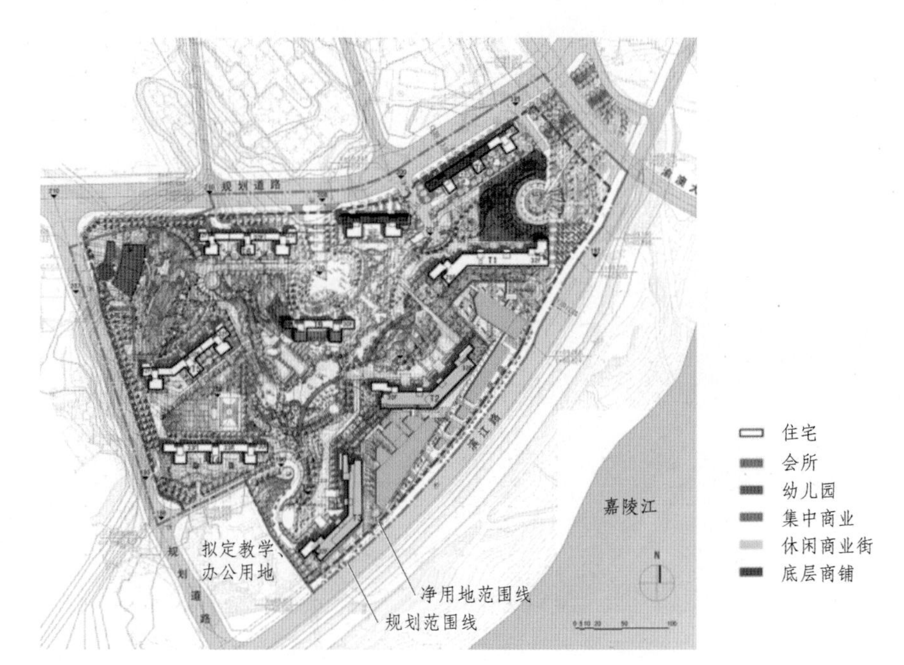

图 1.17 功能布局分析图

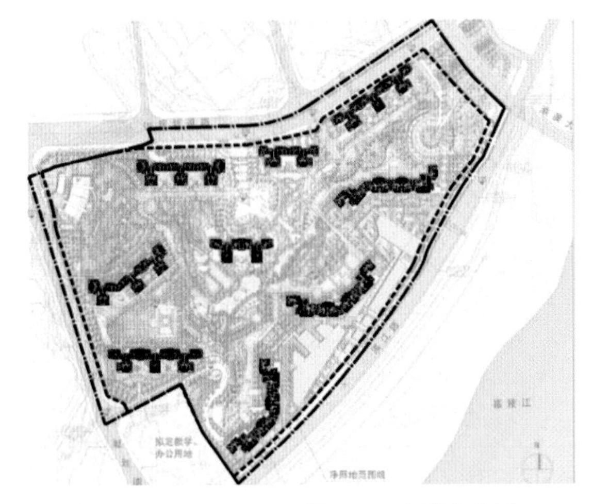

SP4-3复式单元
SP4-2四房两厅三卫
SP4-1四房两厅两卫
SP3-2三房两厅两卫
SP3-1三房两厅两卫
SP2-2两房两厅一卫

图 1.18 户型分布图

图 1.19 沿江建筑立面

3. 工程规划设计图（如图 1.20、1.21 所示）

（1）竖向规划设计图：包括道路竖向、室内外地坪标高、建筑定位、室外挡土工程、地面排水以及土石方量平衡等。

图 1.20 基地剖面图

（2）管线综合工程规划设计图：包括给水、污水、雨水和电力等基本管线的布置，在采暖区还应增设供热管线。同时还需考虑燃气、通风、电视公用天线、闭路电视电缆等管线的设置或预留埋设位置。

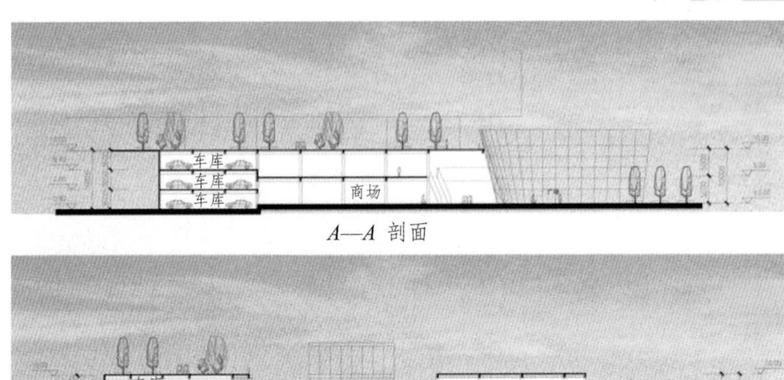

图 1.21　商业剖面

4. 形态意向规划设计图或模型（如图 1.22、1.23 所示）

（1）全区鸟瞰或轴测图。

（2）主要街景立面图。

（3）社区中心、重要地段以及主要空间节点平、立面图和透视图。

图 1.22　鸟瞰图

图 1.23 沿江透视图

5. 规划设计说明及技术经济指标（如图 1.24、1.25 所示）

（1）规划设计说明：包括规划设计依据、任务要求、基地现状、自然地理、地质、人文条件，规划设计理念、特点、方法等。

（2）技术经济指标：包括居住区用地平衡表，面积、密度、容积率、层数等综合指标，公建配套设施项目指标，住宅配置平衡以及造价估算等指标。

· 规划说明

本规划设计力求改变该地段繁杂无序的区位印象，同时营造具有鲜明个性和特色的引领重庆高档住宅市场的社区。

本项目位于嘉陵江北岸，整个地块拥有丰富的滨江景观资源，在设计中有以下几个特点：

通过精心布局，达到每户拥有良好的景观和朝向。

对地块进行分析，利用地块所拥有的自然江景和内部丰富高差而形成的立体绿化，布置不同的产品，从而达到资源的最佳配置及最大利用。

沿江建筑群通过一定规律的角度布置，自然地同城市空间形成对话，同时又减少自身体量对城市通路的压迫感。

内部建筑群结合地形的高差，错落布置，既形成丰富的院落空间，又自然生成丰富的立面形态。

将场地的设计与季节的变化相融合而使其极富魅力，并且能够在变化当中求得统一，在本案中通过对重庆风向进行分析，形成良好的小气候，营造适于四季使用的舒适环境。

图 1.24 规划设计说明

技术经济指标

总用地面积		142 500 m²
总建筑面积		508 334.04 m²
计容积率建筑面积		441 924.24 m²
其中	住宅建筑面积	389 748.22 m²
	架空层面积	10 519.02 m²
	商业建筑面积	24 520.63 m²
	会所建筑面积	3 170.65 m²
	幼儿园建筑面积	3520.75 m²
	居委会建筑面积	209.02 m²
	垃圾站建筑面积	125.15 m²
不计容积率建筑面积（地下车库）		67 809.80 m²
占地面积		26 505 m²
容积率		3.10
覆盖率		18.1%
绿化率		38%
总户数		2 801
停车位 2 340	地上	220
	地下	2 110

图 1.25　总平图及经济指标

1.4　居住区设计步骤及成果举例

根据居住区规划设计内容要求，居住区规划设计一般分为七个步骤，结合实例逐一剖析。

1. 选择、确定用地位置和范围

仪陇县位于四川省南充市东北部，四川盆地北部低山与川中丘陵过渡地带，地貌以低山梁丘为主（图 1.26）。境内自然景观和人文景观交相辉映，有嘉陵江、仪陇河、绿水河、消水河等“一江三河”，川内四大离堆之一的新政嘉陵江离堆，又是“川东北将帅故里游、三国文化寻踪游”的核心位置。即是朱德故里，拥有丰富的红色文化资源。

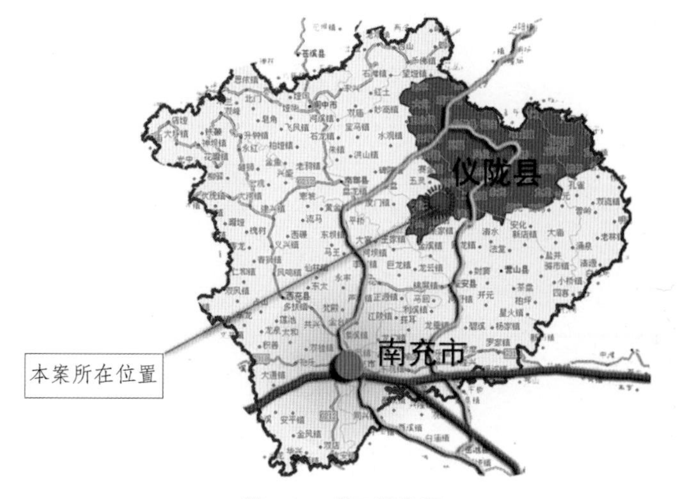

图 1.26　项目区位图

1）地理位置及范围

南充市一号公馆项目位于仪陇县新政镇新区春晖路东，毗邻县政府行政办公楼，北临规划二十六路，西靠春晖路，南临规划二十五路，东靠规划三十五路。基地南北长 256 m，东西长约 188 m，地块规整，用地面积 55 839.4 m^2。周边有医疗、教育资源，政府广场、生态公园等，生活配套十分完善（图 1.27）。

图 1.27 项目基地分析图

2）现状自然条件

地形地貌：场地地质条件极好，无滑坡等不良现象。现原始地貌高差约为 11.000 m。

气候条件：仪陇县介于北纬 30°11′ ~ 31°39′，东经 106°14′ ~ 106°52′；境内土地肥沃，气候适宜，雨量充沛，冬暖夏热，属亚热带湿润气候。年均气温 15.7 ℃，年降水量 1 173.8 mm。

现状利用：基地四周为城市道路，交通便利。场地地势西部高于东部，北部高于南部，最大落差 11 m。规划方案结合场地高差进行建筑布置，沿规划道路二十五路、二十六路、三十五路设计商业裙房和地下停车库。住宅层高 3 m，商业层层高 4.5 m，商业屋面覆土为 0.8 m，创造平台屋面作为住宅主楼室外场地。两层沿街商业门面根据地形高差设置不同的层高，商铺最大层高不超 5.1 m。地下车库层高为 3.9 m（图 1.28，图 1.29）。

图 1.28 场地高差利用效果图 1

图 1.29 场地高差利用效果图 2

2. 确定规模，即确定人口数量和用地大小

居住区的用地规模主要与居住人口规模、建筑气候区划，以及规划所确定的住宅层数有着直接的关系。开发商根据开发意图选择了该地块，首先知道的是用地规模的大小，然

后根据用地大小确定居住区人口规模。本居住区用地规模55 839.4 m^2，介于组团与小区之间。根据城市人均居住区用地控制指标和建筑气候区划图，我们选择指标11 m^2/人，居住区人口规模应为55 839.4 m^2 ÷ 11 m^2/人=5 076人，根据人口规模确定居住户数（每户按3.2人计算）为5 076人 ÷3.2人/户=1 586户。

3. 确定各类用地规模，小区总体规划布局

居住区是城市居民的居住生活聚居地，根据人口规模分为居住区、居住小区和居住组团三个级别。构成居住区用地的住宅用地、公建用地、道路用地和公共绿地四大项用地均与有关的居住区、小区、组团的人口规模相对应，并必须在规划中统一安排、统一核算用地平衡技术经济指标。

因为本居住区的居住人口为5 076人，根据居住区分级控制规模，确定居住区为居住小区，再根据居住区用地平衡表控制指标该小区内的住宅用地、公建用地、道路用地及公共绿地分别取55%、16%、15%和14%，四类用地面积分别计算如下：

住宅用地面积55 839.4 m^2 × 57%=31 828 m^2，公建用地面积55 839.4 m^2 × 16%=8 934 m^2

道路用地面积55 839.4 m^2 × 15%=8 376 m^2，公共绿地面积55 839.4 m^2 × 12%=6 700 m^2

小区规划设计体现了以人为本的原则，在考虑社会效益、环境效益的同时提升本地的经济效益，使该地段达到功能组织合理，用地配置得当，结构清晰，道路顺畅，配套设施齐全等要求，创造出以使用者为中心，尊重环境，舒适优美的生活空间。

规划布局以一条环形道路贯穿整个小区，平时作为人行步道，紧急情况作消防车道，如图1.30所示。建筑围绕道路及用地边界做周边式布局，既保证了建筑的通风和采光需求，同时利用建筑围合的场地中心设置公共绿地，以此中心庭院展开环境设计，并对小区单体进行周边绿化，扩充小区的绿色环境，充分发挥绿化效益和环境效益，满足人们对大自然的渴望与追求。

图1.30　项目总体布局

4. 拟定住宅类型、风格、数量及布置方式

为满足商品化开发与社会化管理的建设要求，合理布置住宅组团，将本小区建筑主楼规划建设为十六栋高层住宅楼，围绕中心环形道路基本按照周边式布局。建筑形象采用新古典主义风格，营造休闲时尚氛围，外墙颜色以咖啡红色为主，辅以适当橙黄，橙色等暖色，在达到建筑群体的有机统一的同时又强调了建筑的个性和可识别性。如图 1.31 所示。各类型建筑具体面积如下：

A 型 15 层 2 栋　13 290 m^2（120 户）　　A 型 18 层 4 栋　31 896 m^2（288 户）
B 型 22 层 2 栋　33 528 m^2（262 户）　　C 型 15 层 2 栋　20 280 m^2（178 户）
C 型 23 层 2 栋　31 096 m^2（274 户）　　C 型 24 层 2 栋　32 448 m^2（286 户）
D 型 15 层 2 栋　22 136 m^2（180 户）

图 1.31 建筑内庭透视图

5. 拟定公共服务设施的内容、规模和数量、分布和布置方式

结合场地高差，沿规划道路二十五路、二十六路、三十五路进行商业裙房与地下停车库的设计。与项目地域建筑特风格特点相融入，商业群建筑风格更突出复古性，如图 1.32，如图 1.33 所示。总面积约 16 200 m^2（含会所），均为二层。住宅主楼利用商业平台屋面作为室外场地。在基地西南侧社区入口旁边设有独立时尚会所，建筑面积约 1 742 m^2。

图 1.32 沿街商铺效果图 1

图 1.33 沿街商铺效果图 2

6. 拟定道路的宽度、断面形式，以及道路系统的规划布置

小区道路采用人车分行道路系统，在西侧春晖路设有车行入口、南侧规划二十五路设有主人行入口、东侧规划三十五路设有次人行入口；设有三个地下车库出入口；中心沿建筑周围设环形消防车道，平时作为人行步道，紧急情况作消防车道（如图 1.34）。

图 1.34 道路分析图

7. 拟定公共绿地、体育运动和休息等室外场地的数量、分布和规划布置方式

该项目是一个以住宅为主体的生态化构成绿色体系，设计拓展了“以人为本”的理念，衍为“居住人性化，环境生态化”这一主题，以小区主人行入口为主轴，设置景观大道。然后结合景观主轴进行各区环境设计，各区景观既独立又相互联系。凡是人流经常活动的空间，都需要引进景观设计，在主要景观节点配置休闲厅、廊柱、花盆、艺术雕塑；设置

相对开敞的停车库，并引进水景、绿化等；设置空中花园，成为观景及交往的场所；公共环境空间与私密环境空间：在人流聚集的公共场所，设置不同形式的开放空间。（图 1.35）中间部分由绿化贯穿中庭景观，设置儿童游戏场，周边用草坪和花卉，灌木加以陪衬。小区整体景观处理特别强调对主入口、入口广场、小区花园等的设计，营造丰富的、有新意的环境空间，突显大气、品质（图 1.36）。

图 1.35 景观示意图

图 1.36 总体鸟瞰图

任务二　居住区规划的结构与布局

2.1 居住区规划结构

居住区的规划结构是根据居住区的功能要求综合地解决住宅与公共服务设施、道路、公共绿地等相互关系而采取的组织形式。基本方式一般有三种：居住区－居住小区、居住区－居住组团、居住区－居住小区－居住组团。（图 2.1）

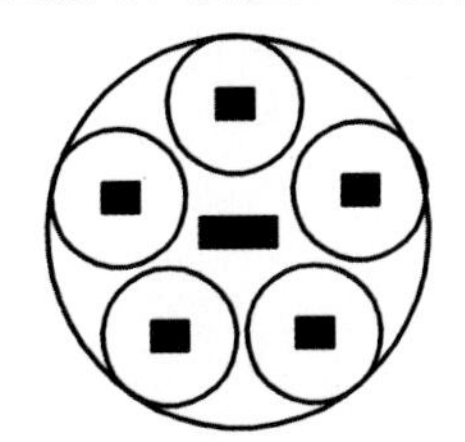

（a）以居住小区为基本单位

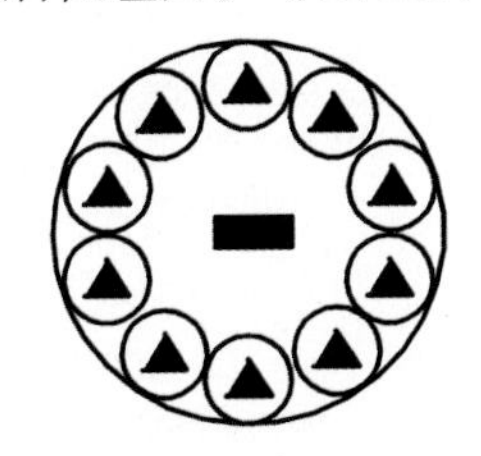

（b）以居住组团为基本单位

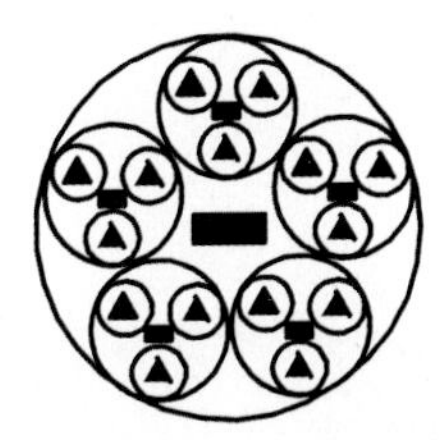

（c）以居住组团和居住小区为基本单位

■ 居住区级公共服务设施
■ 居住小区级公共服务设施

■ 居住区级公共服务设施
▲ 居住组团级公共服务设施

■ 居住区级公共服务设施
■ 居住小区级公共服务设施
▲ 居住组团级公共服务设施

图 2.1 居住区规划结构基本形式

1. 以居住小区为规划基本单位，由几个小区组成居住区

居住小区是指被城市道路或自然分界线所围合，并与居住人口规模（10 000 ～ 15 000 人）相对应，配建有一套能满足该区居民基本的物质与文化生活所需的公共服务设施的居住生活聚居地。以居住小区为基本单位组织居住区，不仅能保证居民生活的方便、安全和区内的安静，而且还有利于城市道路的分工和交通的组织，并减少城市道路的密集度。

这种居住区－居住小区的规划结构模式，一般来说，居住小区的规模以一个小学的最小服务人口规模为其人口规模的下限，以小区公共服务设施的最大服务半径为其用地规模的上限。通常情况下，居住小区的人口规模为 10 000 ～ 15 000 人，3 000 ～ 5 000 户，用地一般为 10 ～ 20 ha。

2. 以居住组团为规划基本单位，由若干个组团组成居住区

居住组团是指被小区道路分隔，并与居住人口规模相对应，配建有居民所需的基层公

共服务设施的居住生活聚居地。这种居住区－居住小区的规划结构模式，不划分明确的小区用地范围，居住区直接由若干居住组团组成。

居住组团相当于一个居民委员会的规模，一般为 1 000 ～ 3 000 人，300 ～ 800 户，用地面积一般为 5 ～ 10 ha。

3. 以居住小区和居住组团为规划基本单位，由若干个组团形成的居住小区组成居住区

这种规划结构模式为居住区－居住小区－居住组团，即居住区由若干个居住小区构成，每个小区又由 2 ～ 3 个居住组团组成。如图 2.2 所示。

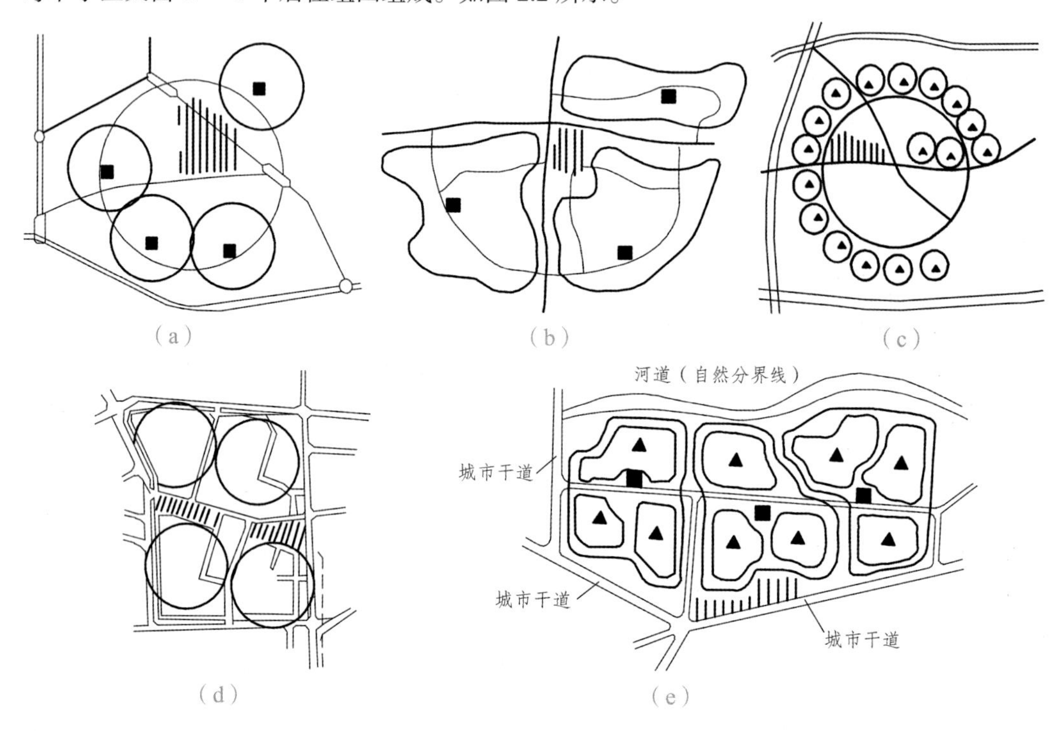

图 2.2 居住区规划结构示例（参照《居住区规划设计指南及实例评析》）

（a）立陶宛拉兹季那依居住区，人口 4.5 万，由 4 个居住小区组成。（b）英国哈罗的一个居住区，由 3 个居住小区组成。（c）莫斯科西南居住区设计竞赛方案之一，人口 2 万，由 17 个居住组团组成。（d）日本大阪南港居住区，人口 4 万，由 4 个居住小区组成。（e）某居住区人口 3.6 万，由 3 个小区组成，每个小区又由 2 ～ 3 个组团构成。

目前城市居民对居住需求呈多元化发展，因此城市住区的规划结构并非一成不变，而是随着社会居住形态和生活方式的变化而变化。但常见的居住区规模仍是由小及大，内容由简及繁，质量由低级到高级。

2.2 居住区规划常用布局形式

规划布局的形态要以人为本，符合居住生活习俗和居住行为轨迹，以及管理制度的规

律性方便性和艺术性。常见的有以下几种形式。

1. 向心式布局

将居住空间围绕占主导地位的特定要素进行有规律的组合排列，表现出有够构图感的向心性。即以某个要素为核心，形成从中间向四周的形态，并结合自然顺畅的道路网络而形成的空间布局。

“向心式”布局往往选择有特征的自然地理地貌（水系、山体、建筑等）作为构图中心，同时结合核心区域布置居民物质与文化生活所需的公共服务设施，形成居住区中心。各居住分区围绕中心分布，可以用同样的住宅组合方式形成统一格局，也可以允许不同的组织形态控制各部分，强化识别性。

该布局可以根据居住区分区逐步实施，具有较强的灵活性，是目前规划设计方案中比较常见的布局形态。如图 2.3、2.4 所示。

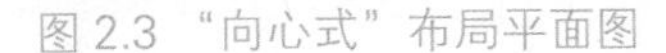

图 2.3 “向心式”布局平面图

图 2.4 “向心式”布局鸟瞰

2. 围合式布局

住宅沿基地外围周边布置，形成一定数量的次要空间，共同围绕一个主导空间，空间无方向性。主入口按环境条件可设于任意方位，中央主导空间尺度较大，引领次要空间。

“围合式”布局各个空间相对独立，便于管理，适用于居住区规模较大或配套设施较开放的城市中心区。如图 2.5、2.6 所示。

图 2.5 “围合式”布局平面图

图 2.6 “围合式”布局鸟瞰

3. 轴线布局

空间轴线常为线性道路、绿地和水体等，具有强烈的聚集性和导向性。通过空间轴线的引导，两侧空间事实布局，并在轴线上设置若干个主、次节点来控制空间的节奏和尺度，使整个居住区呈现出层次递进、起落有致的均衡空间。

“轴线”布局应注意空间的收放、长短、宽窄、疏密等要素的对比关系，仔细推敲空间节点的设置内容。对于长度过长的轴线，可以通过转折、曲化等设计手法，并结合建筑物及环境小品、绿化树种的处理，减少单调感。如图 2.7、2.8 所示。

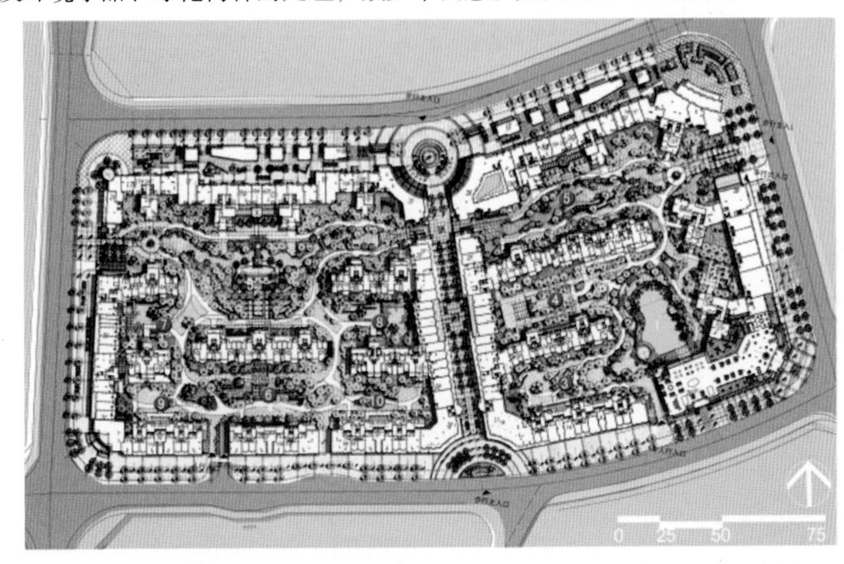

1.翡冷翠花园
Firenze Garden
2.迷宫花园
Labyrinth Garden
3.自然花园
Nature Garden
4.国王花园
King Garden
5.天鹅湖公园
Swan-Lake Park
6.艺术花园
ART Garden
7.绿坡花园
Lawn Garden
8.台地花园
Mesa Garden
9.绿区花园
Hurst Garden
10.谷地花园
Valley Garden

图 2.7 “轴线”布局（道路景观轴）平面图

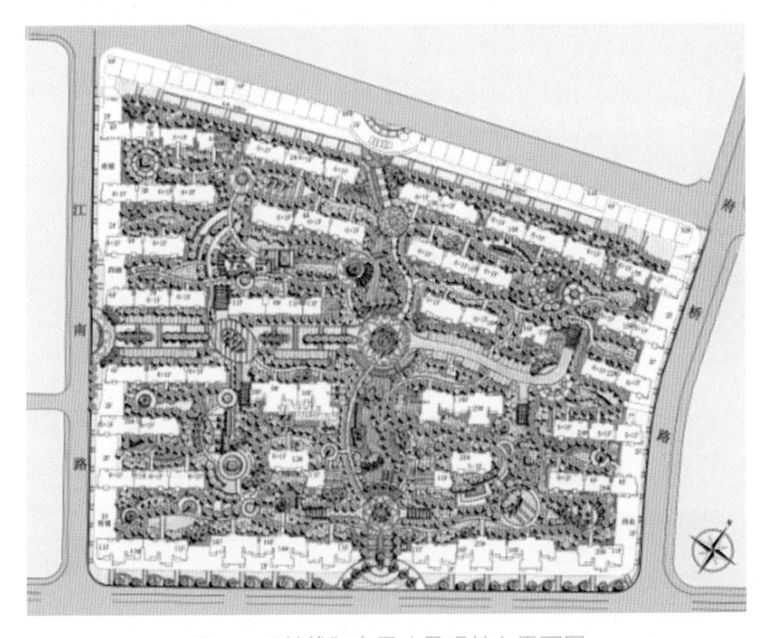

图 2.8 “轴线”布局（景观轴）平面图

4. 隐喻式布局

“隐喻式”布局是将特定的相关联事物作为设计雏形，将事物进行概括、提炼、抽象成建筑或环境的形态语言，使人产生视觉上的联想与呼应，从而增强环境的感染力。

“隐喻式”布局注重对形态的概括，讲求形态简洁、明了、易懂，同时紧密联系相关理论，做到形、神、意的融合。如图 2.9、2.10 所示。

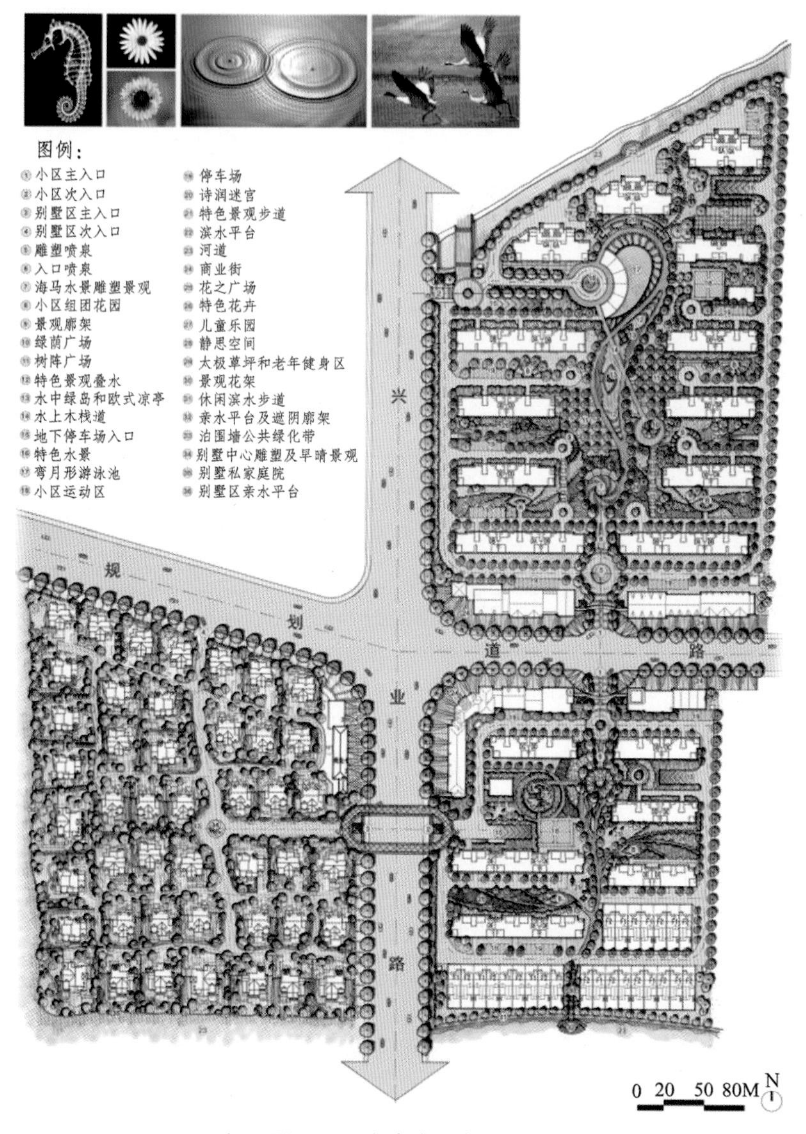

图 2.9 “隐喻式”布局图

图 2.10 “海马”与“花”

5. 片块式布局

住宅建筑以日照间距为主要依据，遵循一定规律排列组合，形成紧密联系的群体。不强调主次等级，成组成团地布置，形成片块式布局形态。

“片块式”布局应该注意组合的住宅数量及空间位置，尽量采取丰富的变化，以强调可识别性。另外，片块之间应该有绿化、水体、公共设施、道路等分隔，以保证居住空间的舒适性。如图 2.11、2.12 所示。

图 2.11 “片块式”布局图

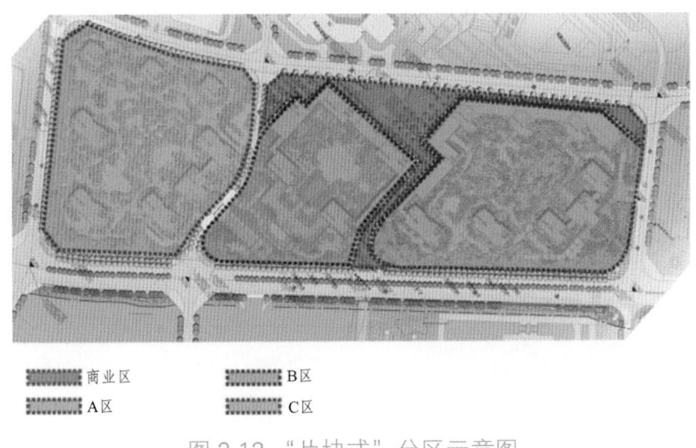

图 2.12 “片块式”分区示意图

6. 集约式布局

“集约式”布局将住宅和公共配套设施集中紧凑布置，采用科技手段，大力开发地下空间，使地上空间垂直贯通，室内、外空间渗透延伸，形成居住生活功能完善、空间流通的集约式整体布局空间。如图 2.13 所示。

“集约式”布局用地节约，可同时组织和丰富居民的邻里交往及生活活动，特别适用于旧区改建和用地较为紧张的区域。

在实际居住区规划布局工作中，常常会以以上布局形式组合设计，多种形态并存。而且，伴随居住生活改善以及科技的革新，布局形态的组合种类还会增加和发展，居住区规划结构与布局形态会更加丰富，居住空间将会更加多样。

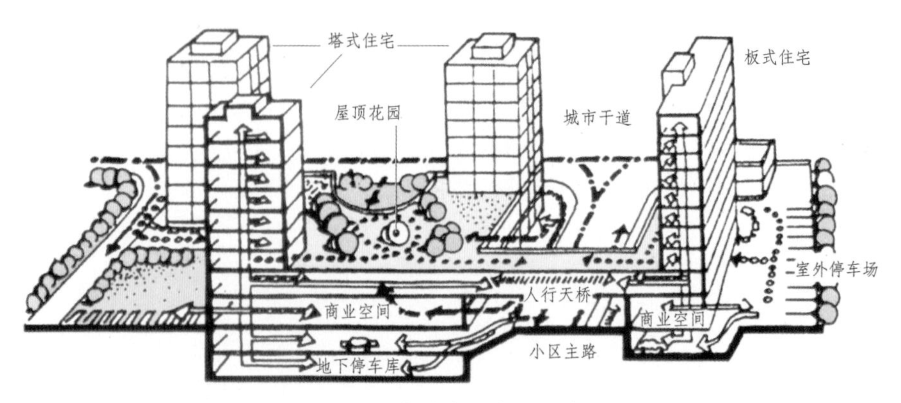

图 2.13 “集约式”布局示意图

2.3 居住区规划结构设计实例

1. 三亚凤凰水城 C 地块规划

项目位于三亚湾二线腹地，主城区西部、三亚湾中部，背山、面海、临河。项目规划强调与自然景观环境、生态环境的协调关系，“山—海—河”巧妙结合，浑然一体。

项目地块西高东低，高差不大，地势平坦，用地面积为 206 102.19 m^2。C 地块定位于花式住宅小区，建筑形式多样。其中商业街面积 9 677.10 m^2，分布在各区出入口；住宅总面积 291 927.54 m^2。如图 2.14 ~ 2.17 所示。

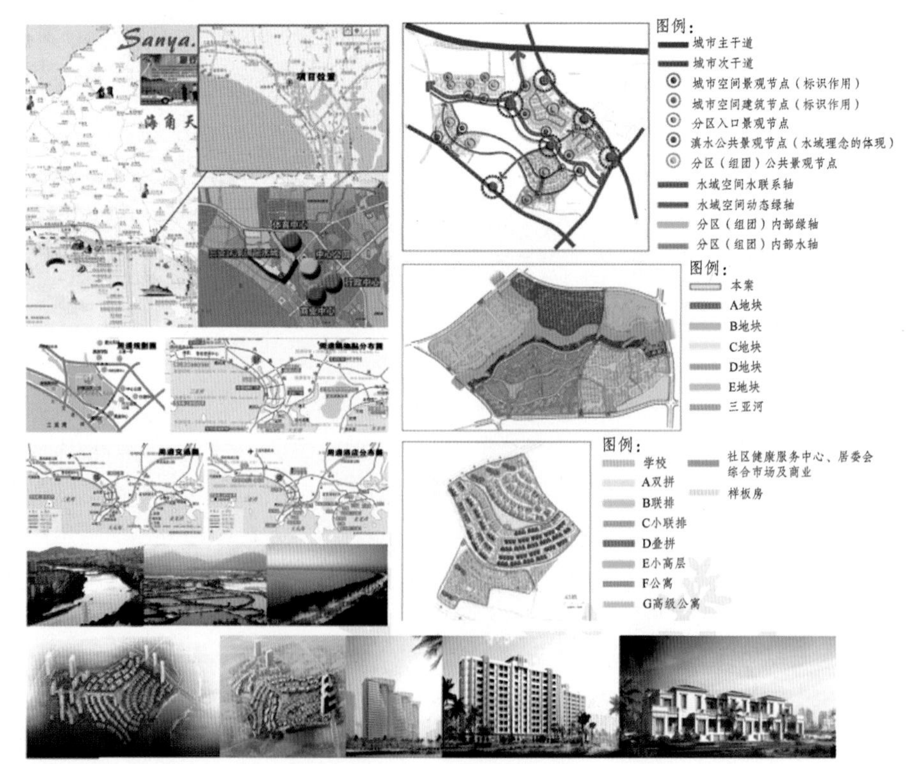

图 2.14 项目区位图

图 2.15　项目总平面图

设计理念：

本项目依托良好的自然人文条件，结合业主的诉求及规划的方向，我们在“岛”的基础上提出了“fairyland”（意为仙境，优雅迷人之地）的理念，营造一处幽雅迷人的热带风情园林，为旅游休闲度假的人们提供一个理想场所，这也与我们的整体规划概念相契合。

设计布局：

在建筑规划的前提下，完善水系的设计，由路网和水系共同构成整个景观系统的框架．形成“一轴两点，两带三区”的格局。

“一轴”一条中心景观轴由南至北贯穿一、二期用地，轴线明显，其间穿插两个主要公共景观节点，一为入口广场，规划路贯穿其间，成为两个入口的自然分界点；另一处为中心观景广场，滨水而建，拥有良好的视野．是小区的主要公共活动场所。

“两带”：为滨水景观带和城市道路生态绿化带。滨水景观带除满足规划泄洪要求外，亦是区内主要景观水系，水系与区内路网结合，串联各个景观节点成为整个设计的框架；沿规划路一侧，主要采用植物造景，既保证了区内居民的私密性，也为城市道路提供了优美的绿化景观。

“三区”：在“两带”的划分下，本项目自然而成三个区域，一为由双拼别墅及沿街高层组成的滨水住宅区，位于基地北侧，临近三亚河；一为由连排及叠拼组成的亲水住宅区，位子规划路北侧，水系南侧，有景观水系蜿蜒环绕住宅，拥有良好的亲水环境：还有一部分主要由高层及小高层组成的住宅区．位于基地南端，面向800 m外的三亚湾，拥有良好的海岸，山系景观。

设计主题构思：

三大主题
3 major features

心灵之珊瑚海岸—天堂岛
Coral bay of Soul—Paradise Island

异域风情—巴厘岛
Impressions from foreign countries
—Bali Island

翡翠湾—绿中海
Jadeite Bay—Sea among Green

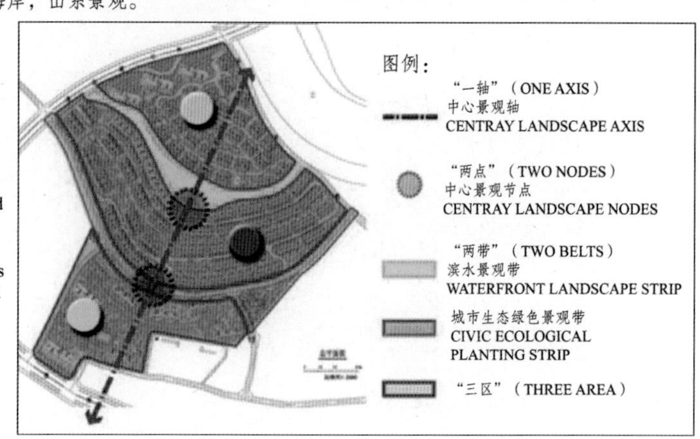

图 2.16　设计理念构思

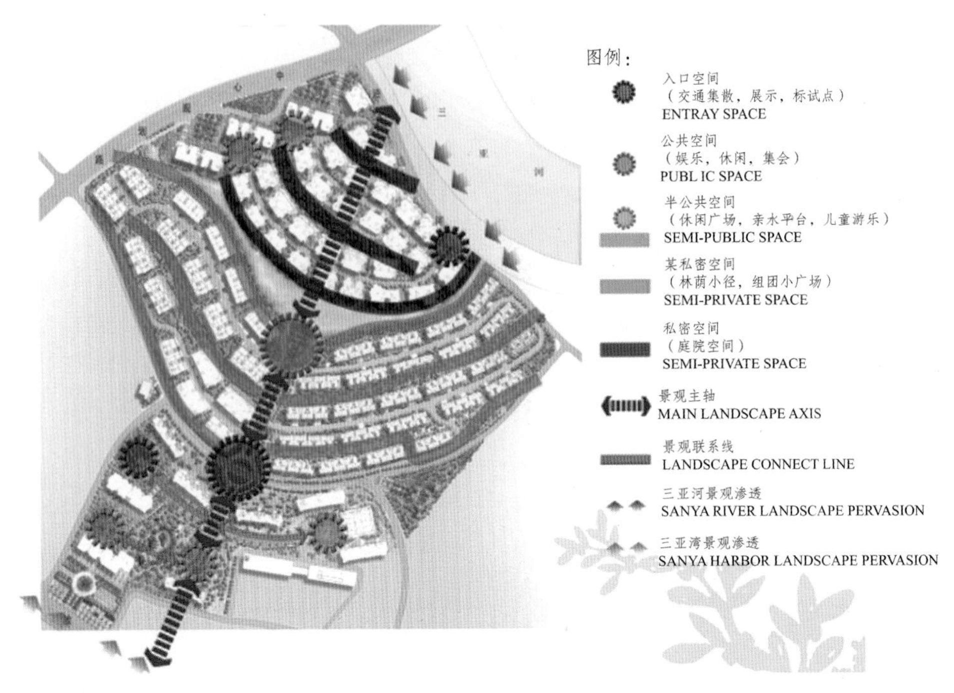

图 2.17 功能空间分析

2. 大华京郊别墅一期规划

项目地处青浦徐泾板块，高泾路段。周围高档别墅社区林立，配套成熟。总体规划主题为平原主题概念，分为 5 个不同类别的特色景观。项目定位于纯独立别墅社区。整个地基狭低洼，三面环水，交通便利。基地面积 141 573 m^2；总建筑面积 43 100 m^2，地上 41 068.7 m^2；住宅总户数 133 户，容积率 0.3，建筑密度 16.6%；车位数 260 个，户均 1.8 个 / 户。如图 2.18 ~ 2.21 所示。

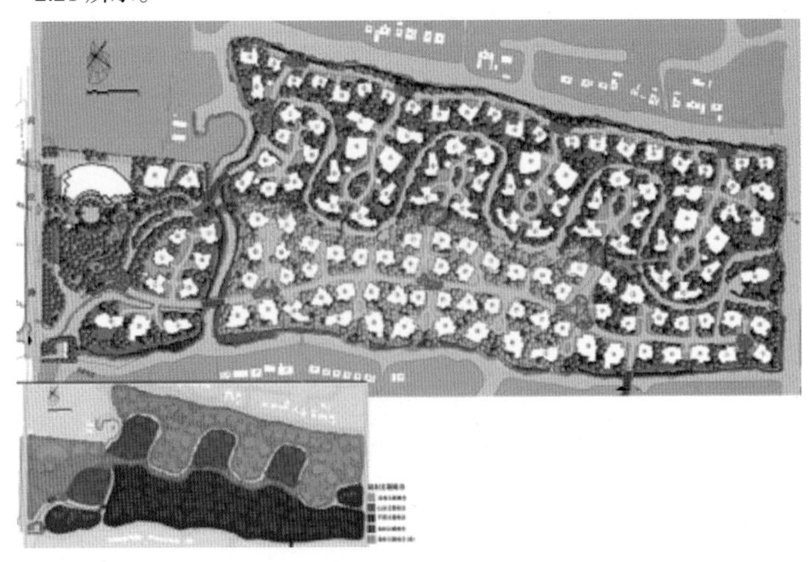

图 2.18 规划主题概念分区图

图 2.19　一期总平面图

项目一期所处地块由西面和南面的河流围合而成，背面为中脊绿带。建筑风格为现代建筑与一些西班牙风格元素相容。道路主入口从西而入，道路将地块分为南北两部分，背面朝中心绿带，南面朝驳岸。

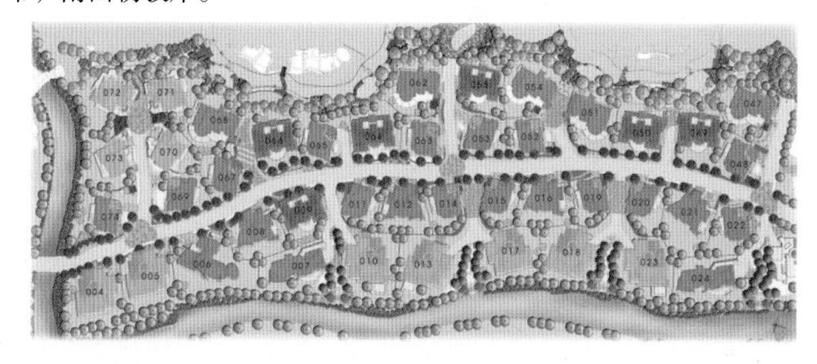

现代或西班牙
现代风格
西班牙风格
城郊风格

图 2.20　建筑风格分区图

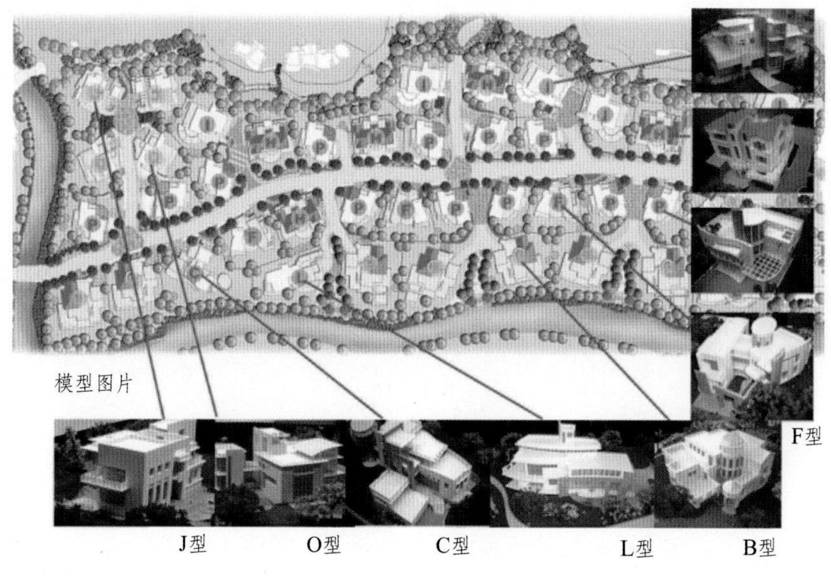

图 2.21　建筑模型图

任务三　居住区的场地规划设计

3.1 居住区场地分析

3.1.1 场地条件调研

收集和分析地块的基础资料，是提高居住区规划设计质量的主要手段。在对某地块进行规划设计前，应充分掌握基地基础资料，对场地现状、周围环境进行深入分析研究，以此为根据，提出优质的居住区规划设计方案。

1. 场地调研内容

1）自然条件

居住区所在区域的自然条件和特征包括：地形、地质、水温、气象、植物等。自然环境要素是居住区设计基础数据和资料，是设计中尊重生态环境的依据和前提。

2）社会环境

社会生产力是体现国家经济水平和实力的重要因素，随着国家经济水平和社会发展阶段的变化，居住形态也随之变化。伴随“我国社会主要矛盾已经转化为人民日益增长的美好生活需要和不平衡不充分的发展之间的矛盾”，居住条件也由“保障型”住房向“改善型”转变。在满足条件的前提下，优化居住条件，提供品质生活必将成为必然。

3）历史文化环境因素

文化是人们长期形成的社会现象，也是一种历史的积淀物。在岁月的长河中，人类文化以各种形式留存于城市、聚落及建筑中。通过对地域居住文化、生活方式、风俗习惯的研究、深入理解和体会，再通过实地调研，考察居民的居住需求，在设计中提出符合当地居民心理认同的居住形态。

2. 场地调研的成果

调研搜集资料后要进行整理分析，为居住区规划提供依据。在不同的项目中，影响规划设计的主导因素各有不同。在项目初期，必须明确影响设计的主导因素。

在设个阶段，应该完成区位分析图、现状分析图（如图 3.1、3.2）等，并用文字或图纸的方式加以表达。

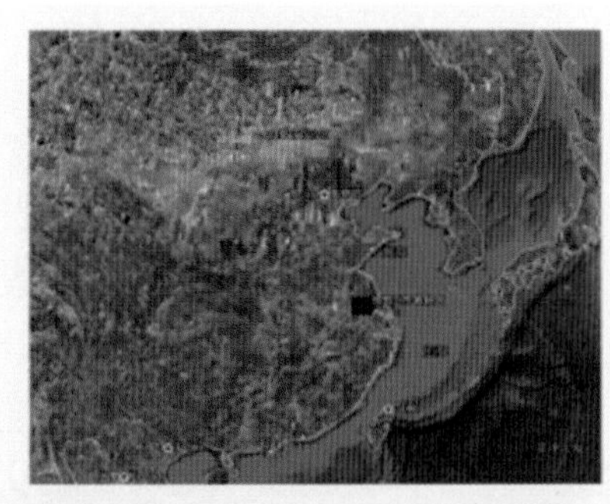

区位分析

扬州，地处江苏省中部，长江下游北岸，江淮平原南端，是上海经济圈和南京都市圈的节点城市，向南接纳苏南，上海等地区经济辐射，向北作为开发苏北的前沿阵地和传导区域，素有“苏北门户”之称。扬州有2 490年文字可考的历史，是联合国人居奖城市，中国人居环境奖城市，国家环境保护模范城市。中国和谐管理城市，建城史可上溯至公元前486年，古代有时作杨州（按：汉碑中杨字皆从“木”，从“手”系后人所改，王念孙有详细考证），相当于现在的“省”。扬州的名称最早见于《尚书·禹贡》“淮海维扬州”，这是古人心目中的一个广泛的地理概念，包括了今淮水以北、黄海、长江广大区域内的江苏、安徽、江西、浙江、福建等

维扬，位于扬州市区中北部，下辖3个乡镇（西湖镇，平山乡，城北乡）和3个街道（双桥、梅岭、甘泉），总面积126平方千米，总人口30万，是扬州的政治、文化、教育、金融、科技中心。维扬是古扬州城的发祥地，2 500年前，吴王夫差在蜀冈之上开邗沟，筑邗城，形成了历史上扬州城的雏形

图 3.1　某地块区位分析图

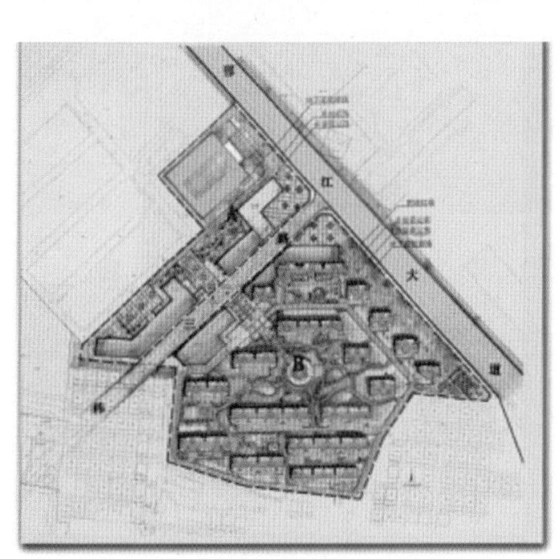

地块沿邗江大道现状

邗江大道和周边居民状况

邗江大道对面厂房

基地现状分析

本基地北沿邗江大道，基地以纬三路为界限分为A、B两个地块，其中邗江大道以北多少厂房和村民安置点，A地块北面也分布着厂房。

地块内部现状

A地块北面厂房

图 3.2　某基地现状分析图

3.1.2 场地条件分析

1. 地理环境

自然环境中的地理环境（包括：地形、地貌、地质、水文等），直接影响规划设计的成果。地形会影响到居住区用地平面形状；自然地貌决定了居住区用地的高程变化，是竖向设计的依据；地质条件会影响到建筑工程的安全可靠性、是否采取相关措施及施工的经济合理性；地下水深度变化影响工程地基基础处理和施工方案。

在多种地理环境要素中，地形地貌是影响居住区设计的根本性要素，也是体现居住区的地域特色的物质基础。居住区按地形地貌分，可以分为平地居住区、山地居住区和滨水居住区。

1）平地居住区

项目用地受地形的制约较少，生态环境优越、用地较为宽松，工程成本较低。居住区规划空间结构上，通常比较方正、平直、严谨，交通组织比较流畅便捷（如图 3.3、图 3.4）。

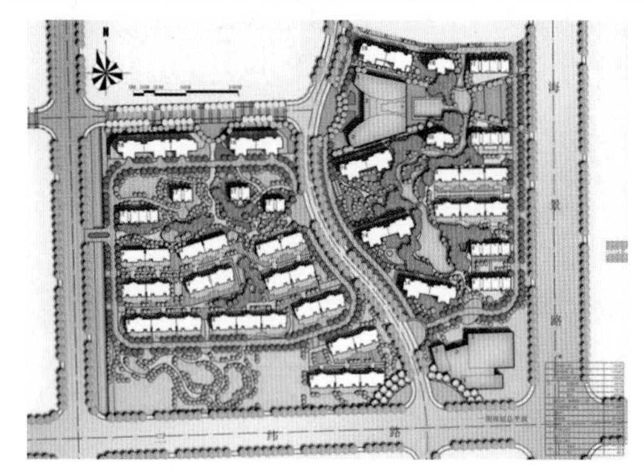

图 3.3 平地居住区

图 3.4 鸟瞰图

2）山地居住区

建设规划提倡尊重山形地势，可创造出丰富的居住区内外空间形态。创建的建筑形态有：架空、退台、吊脚、出挑等等（如表 3-1）。为了获得过多的居住、生活场所，建筑通常比较高。道路交通一般随山就势，横向以平路为主，纵向以阶梯式为主（如图 3.5、图 3.6）。

图 3.5 山地居住区

图 3.6 鸟瞰图

表 3-1　山地建筑布置方式（参照《城市居住区规划设计规范》图解）

方式	方法	适宜坡度 /%		备注
		垂直等高线布置	平行等高线布置	
提高勒脚	将建筑勒脚提高到相同标高	<8	<10 ~ 15	建筑进深为 8 ~ 12 m，单元长度为 16 m，勒脚最大高度为 1.2 m
筑台	挖、填地型，形成平整台地	<10	<12 ~ 20	半填半挖
错层	将建筑相同层设计成不同的标高。常利用双跑平台使建筑沿纵轴或横轴错半层	12 ~ 18	15 ~ 25	单元长 16 m，进深为 8 ~ 12 m，错层高差 1 ~ 1.5 m
跌落	建筑垂直等高线布置，以单元或开间为单位，顺坡势处理成台阶状	4 ~ 8	—	以单元为单位，跌落高度 0.6 ~ 3.0 m 或以每两开间跌落 0.6 ~ 1.2 m
掉层	错层或跌落的高差等于建筑高层时	20 ~ 35	45 ~ 60	
错迭	垂直等高线布置，逐层或隔层沿水平方向错动或重迭形成台阶式	50 ~ 80		

3）滨水居住区

由于生存、生活、生产的需要，原始的居住点都靠近自然水系，因此水与人类的居住生活息息相关，滨水居住区的文化及建筑风格源远流长，典型的苏州古城、阆中古城等城市的居民无不是依水而居（如图 3.7、图 3.8）。

图 3.7　阆中古城民居

图 3.8　苏州古城民居

2. 气　候

影响居住舒适度的气候条件有温度、湿度、日照、风向、降雨等。中国地大物博、地形多样，早就了复杂的多样性气候，包括寒冷气候、湿热气候、海洋性气候、大陆气候等。根据居住建筑节能设计气候分区，全国分为：Ⅰ严寒地区（分 A、B、C 三个区）、Ⅱ寒冷气候（分 A、B 两个区）、Ⅲ夏热冬冷地区、Ⅳ夏热冬暖地区（分南、北两个区）、Ⅴ温和地区（分 A、B 两个区）。中国建筑气候区划图，参照网址：http://qchcdl.blog.163.com/blog/static/5803969320110150350165/.

3.1.3 用地范围

城市规划设计条件由当地的规划管理部门根据城市规划确定（必须遵守，如图 3.9）。

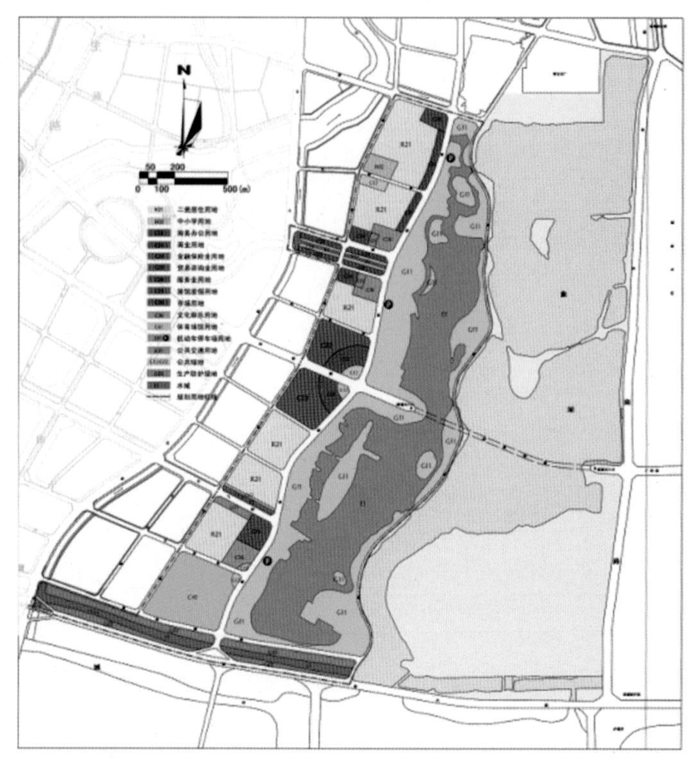

图 3.9 某地段总体规划平面图

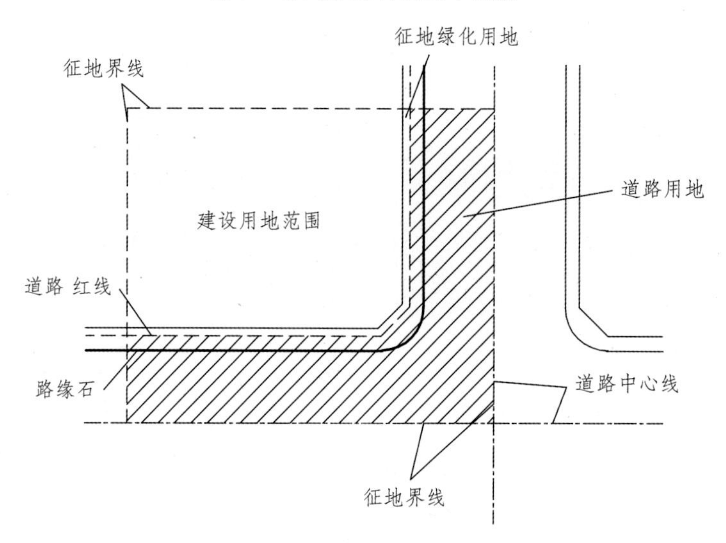

图 3.10 用地范围示意图

1. 用地界线

征地范围内实际可供场地用来建设使用区域的边界线。征地范围内无城市公共设施用地，征地范围即为用地范围；征地范围内有城市公共设施用地，则须扣除城市公共设施用地后的范围即是用地范围（如图 3.10）。

征地界线是由城市规划管理部门划定的供土地使用者征用的界限，其围合的面积是征用范围。征地界线内包含：公共设施、代征城市道路、公共绿地等。

2. 道路红线

城市道路（含居住区级道路）用地的规划控制边界线，一般由城市规划行政主管部门在用地条件图中标明。道路红线总是成对出现，两条红线之间的线性用地为城市道路用地，由城市市政和道路交通部门统一建设管理。

3. 建筑控制线

建筑红线、建筑线，建筑物基底位置的控制线，是基地中允许建造建筑物的基线。设计常识：一般建筑控制线会从道路红线后退一定距离，用来安排台阶、建筑基础、道路、停车场、广场、绿化及地下管线和临时性建筑物、构筑物等设施，当基地与其他场地毗邻时，建筑控制线可根据功能、防火、日照间距等要求，确定是否后退用地界线。

4. 城市绿线

城市规划建设中确定的各种城市绿地的边界线，用地位置不同，要求不同，根据具体要求进行确定（如图 3.11）。

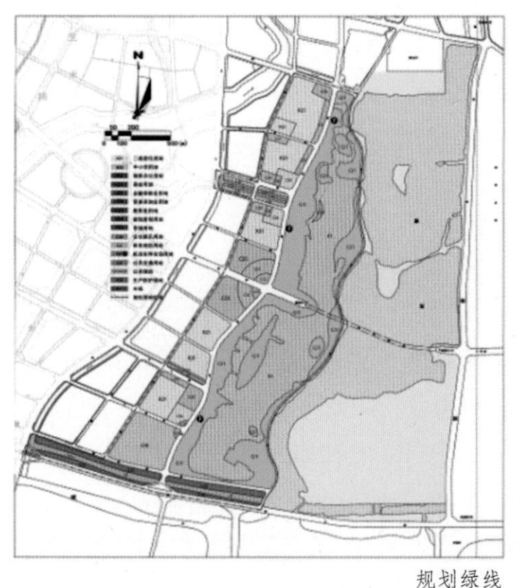

图 3.11　某地段规划绿线

5. 城市蓝线

城市规划部门按城市总体规划确定的长期保留的河道规划线，为保证河网、水利的安全需要，沿河建筑物应按照规定退让河道规划蓝线（如图 3.12）。

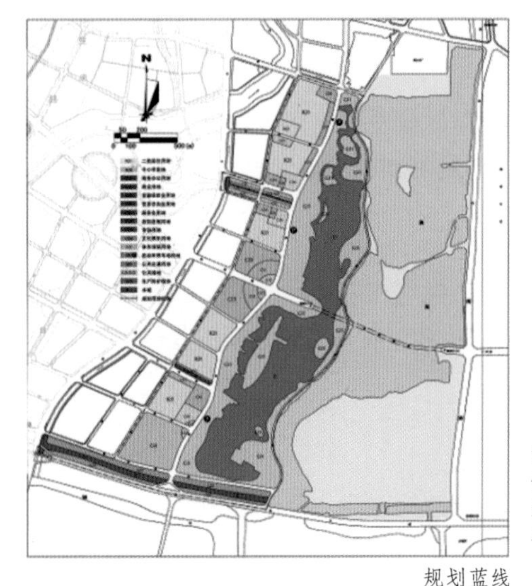

图 3.12 某地段规划蓝线

6. 城市紫线

国家历史文化名城内的历史文化街区和省、自治区、直辖市人民政府公布的历史文化街区的保护范围线，以及历史文化街区外经县级以上人民政府公布保护的历史建筑的保护范围界线。

7. 城市黄线

对城市发展全局有影响的、城市规划中确定的、必须控制的城市基础设施用地的控制界限。

3.2 住宅建筑规划

住宅建筑规划设计应该综合考虑用地条件、住宅选型、朝向、间距、绿地、层数与密度、布置方式、群体组合、空间环境和不同使用者的需要等因素确定。

3.2.1 住宅建筑日照

1. 日照标准

为区分我国不同地区气候条件对建筑影响的差异性，提供气候参数，在总体规范时能合理利用气候资源，防止不利影响，制定了建筑气候区划标准。该标准将全国共分 7 个气候分区，见图 3.13。

不同建筑气候地区、不同规模大小的城市地区，在所规定的“日照标准日”内的“有效时间带”里，保证住宅建筑底层窗台达到规定的日照时数即为该地区住宅建筑日照标准（见表 3–2）。

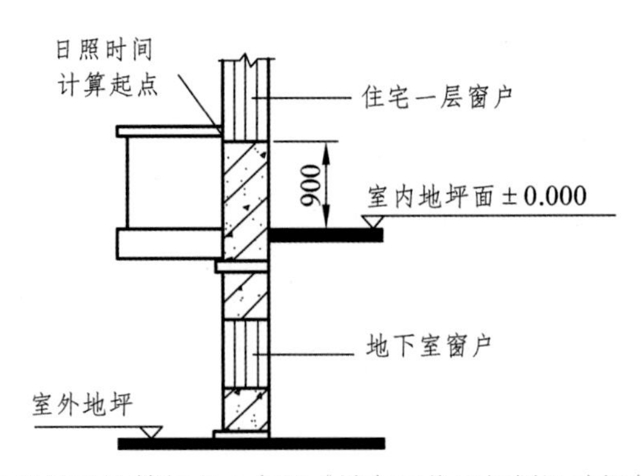

图 3.13　日照时间计算起点（参照《城市居住区规划设计规范》图解）

表 3–2　住宅建筑日照标准

建筑气候划分	Ⅰ、Ⅱ、Ⅲ、Ⅶ气候区		Ⅳ气候区		Ⅴ、Ⅵ气候区
	大城市	中小城市	大城市	中小城市	
日照标准日	大寒日			冬至日	
日照时数 /h	⩾ 2	⩽ 3		⩾ 1	
有效日照时间带 /h	8 ~ 16			9 ~ 15	
日照时间计算起点	底层窗台面				

注：底层窗台面是指距离室内地坪 0.9 m 高的外墙位置（见图 3.12）。

表 3–2 中，日照时数是指在规定的日照标准内，一套住宅中有一间主要居室获得满窗日照时间不低于规定的时间。

2. 日照间距

在住宅群体组合中，为保证每户都能获得规定的日照时间和日照质量而要求住宅长轴外墙之间保持一定的距离即为日照间距。

日照间距的确定是以太阳高度角与方位角为依据，利用竿影日照图的原理来求取的。而在实际工作中，日照间距一般采用前幢住宅高度与前后排住宅之间的距离之比来表示（H ∶ D），如图 3.14 所示，经常以 1 ∶ 1.0、1 ∶ 1.2、1 ∶ 2.0 等形式来表达。

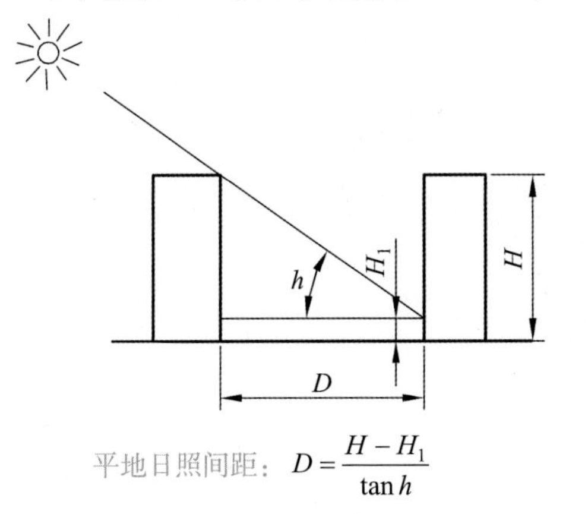

平地日照间距：$D=\dfrac{H-H_1}{\tan h}$

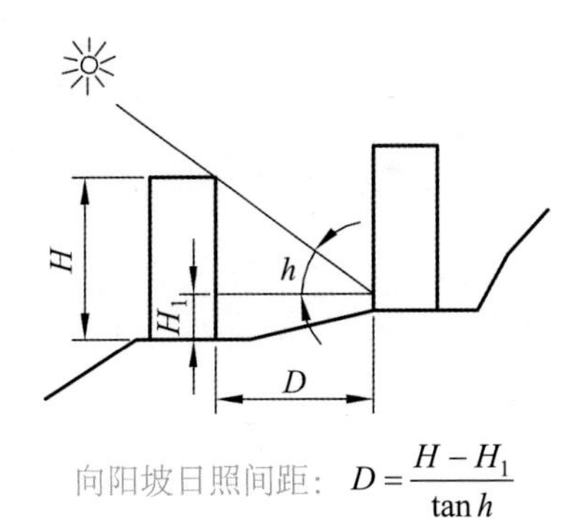

向阳坡日照间距：$D=\dfrac{H-H_1}{\tan h}$

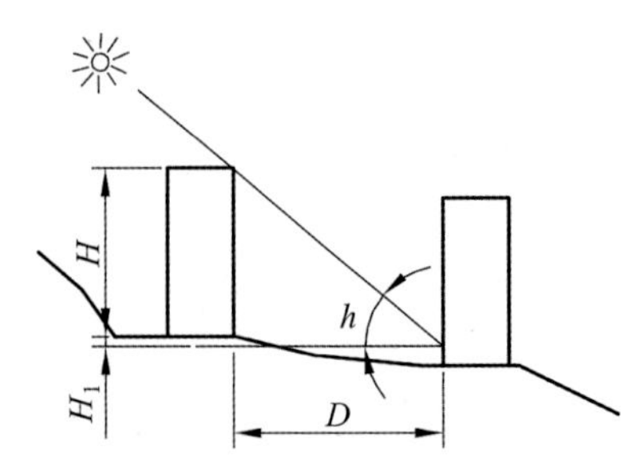

背阳坡日照间距：$D=\dfrac{H+H_1}{\tan h}$

以房屋长边向阳，朝向正南，以正午太阳照到房屋底层的窗台为依据。

图 3.14 日照间距示意图（参照《城市居住区规划设计规范》图解）

h—正午太阳高度角；H—前幢房屋檐口至地面高度；H_1—后幢房屋的窗户至前幢房屋地面高度

3.2.2 住宅间距

住宅间距包括住宅正面间距和侧面间距。间距控制要求保证每家住户能获得基本的日照量和住宅安全，同时还要考虑一些户外场地的日照需要，以及由于视线干扰引起的私密性保证问题。

1. 住宅正面间距

住宅正面间距可按照日照标准确定的不同方位的日照间距系数控制。也可以日照时数作为标准，参照表 3-3 的间距折减系数换算出日照间距。

表 3-3 不同方位间距折减系数

方位	0° ~ 15°（含）	15° ~ 30°（含）	30° ~ 45°（含）	45° ~ 60°（含）	>60°
折减值	1.00L	0.90L	0.80L	0.90L	0.95L

注：1. 表中方位为正南向（0°）偏东、偏西的方位角。
2. L 为当地正南向住宅标准日照间距（m）。
3. 本表指标仅适用于无其他日照遮挡的平行布置条式住宅之间。

住宅正面间距不得小于规定的日照间距，精确的日照间距和复杂的建筑布局形式需以计算机模拟日照分析结果为依据最终确定（图 3.15）。

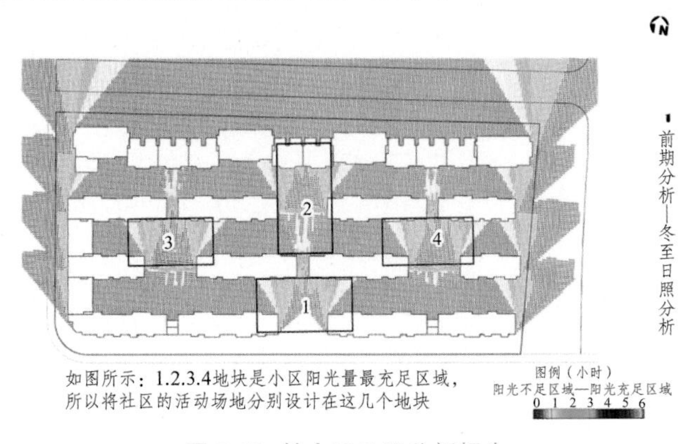

图 3.15 某小区日照分析报告

2. 住宅侧面间距

依据住宅建筑与相邻民用建筑之间的防火间距，住宅侧面间距，应符合下列规定：

（1）条式住宅，多层之间不宜小于 6 m；高层与各种层数住宅之间不宜小于 13 m。

（2）高层塔式住宅、多层和中高层点式住宅与侧面有窗的各种层数住宅之间应考虑视觉卫生因素，适当加大间距。见表 3–4。

表 3–4 民用建筑之间的防火间距　　m

建筑类别		高层民用建筑	裙房和其他民用建筑		
		一、二级	一、二级	三　级	四　级
高层民用建筑	一、二级	13	9	11	14
裙房和其他民用建筑	一、二级	9	6	7	9
	三　级	11	7	8	10
	四　级	14	9	10	12

注：侧面间距大小对居住区的居住密度影响较大，规范规定的住宅侧面间距仅是按消防要求规定的最小防火间距（图 3.16）。

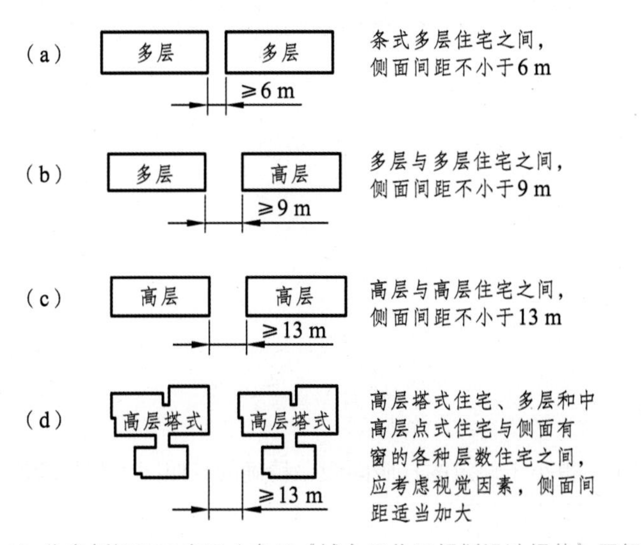

图 3.16 住宅侧间距示意图（参照《城市居住区规划设计规范》图解）

3.2.3 通 风

住宅应该有良好的自然通风，提高居住的舒适性。我国地处北温带、南北气候差异较大，因地制宜地组织好自然通风是创造良好居住环境的最有效措施之一。

住宅的自然通风不仅受到大气环流引起的大范围风向变化的影响，还受到局部地形特点所引起的风向变化。规范 5.0.3.3 规定：在Ⅰ、Ⅱ、Ⅵ、Ⅶ建筑气候区，主要应利于住宅冬季的日照、防寒、保温与防风沙的侵袭；在Ⅲ、Ⅳ建筑气候区，主要应考虑住宅夏季防热和组织自然通风、导风入室的要求。5.0.3.4 规定：在丘陵和山区，除考虑住宅布置与主导风向的关系外，尚应重视因地形变化而产生的地方风对住宅建筑防寒、保温或自然通风的影响。

建筑组群的自然通风与建筑大小、排列方式以及通风方向等也关系密切。建筑间距越大，自然通风效果越好，都耗费土地就越多。因此，在满足日照的前提下，通过选择合适的建筑朝向，在夏季迎向主导风向，冬季避开主导风向，提高通风效果。如图 3.17 所示。

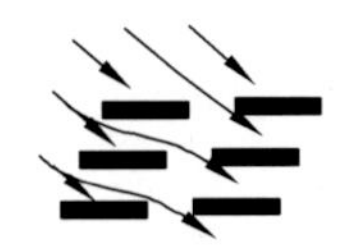

住宅错列布置增大迎风面，利用山墙间距将气流导入住宅群内部

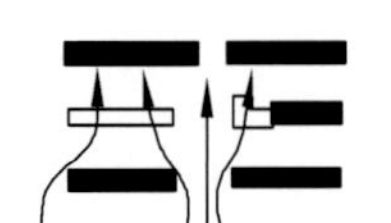

低层住宅或公建布置在多层住宅群之间，可改善通风效果

住宅疏密相间布置，密处风速加大，改善了群体内部通风

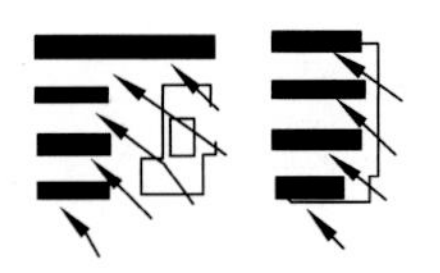

高低层住宅间隔布置或将低层住宅或低层公建布置在迎风面一侧以利进风

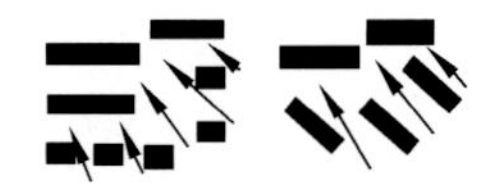

住宅组群豁口迎主导风向，有利通风，如防寒则在通风面上少设豁口

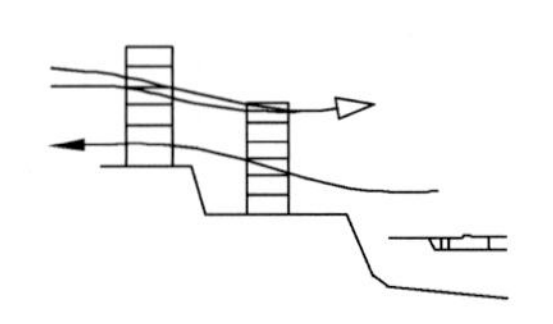

利用水面和陆地温差加强通风

利用局部风候改善通风

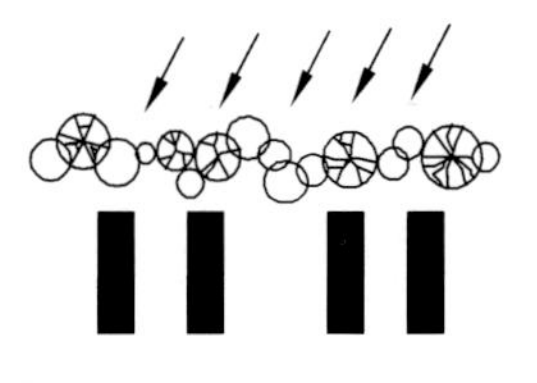

利用绿化起导风或防风作用

图 3.17　住宅群体通风和防风措施（参照《城市居住区规划设计规范》图解）

3.2.4　住宅朝向及噪声防治

1. 住宅朝向

住宅的朝向与日照时间、太阳辐射强度、常年主导风向及地形等因素有关，通过综合考虑以上因素，可以为每个城市确定建筑的适宜朝向范围（如表 3–5）。

朝向选择需要考虑的因素主要有：

（1）冬季能有适量并具有一定质量的阳光射入室内。

（2）炎热季节尽量减少太阳直射室内和居室外墙面。

（3）夏季有良好的通风，冬季变冷风吹袭。

（4）充分利用地形，节约用地。

表 3-5　全国部分地区建议建筑朝向表

地区	最佳朝向	适宜朝向	不宜朝向
北京地区	正南至南偏东 30° 以内	南偏东 45° 以内，南偏西 35° 以内	北偏西 30° ~ 60°
上海地区	正南至南偏东 15°	南偏东 30°，南偏西 15°	北、西北
太原地区	南偏东 15°	南偏东至东	西北
哈尔滨地区	南偏东 15° ~ 20°	南至南偏东 15°、南至南偏西 15°	西北、北
长春地区	南偏东 30°，南偏西 10°	南偏东 45°，南偏西 45°	西北、北、东北
济南地区	南、南偏东 10° ~ 15°	南偏东 30°	西偏北 5° ~ 10°
南京地区	南、南偏东 15°	南偏东 25°，南偏西 10°	西、北
重庆地区	南、南偏东 10°	南偏东 15°，南偏西 5°	东、西
广州地区	南偏东 15°，南偏西 5°	南偏东 22°30′，南偏西 5° 至西	

2. 住宅噪声防治

噪声对人有多方面的危害，不仅干扰人的生活、休息，还会引起神经系统、心血管方面的多种疾病。因此在居住区规划时，住宅噪声的防治十分必要。影响居住区的正常生活的噪声主要有道路交通噪声、邻近工业区的噪声及人群活动噪声。

住宅区噪声防治办法，主要是通过合理组织城市交通，明确各级道路的分工，减少过境车辆穿越居住区、居住小区和居住区组团的机会；控制噪声源和消弱噪声的传递，居住区中一些主要噪声源在满足使用要求的前提下，应与住宅组群有一定距离和间距，尽量减少噪声对住宅的影响，同时还可以充分利用天然的地形屏障、绿化带等来消弱噪声的传递，降低影响住宅的噪声级别。如图 3.18 所示。

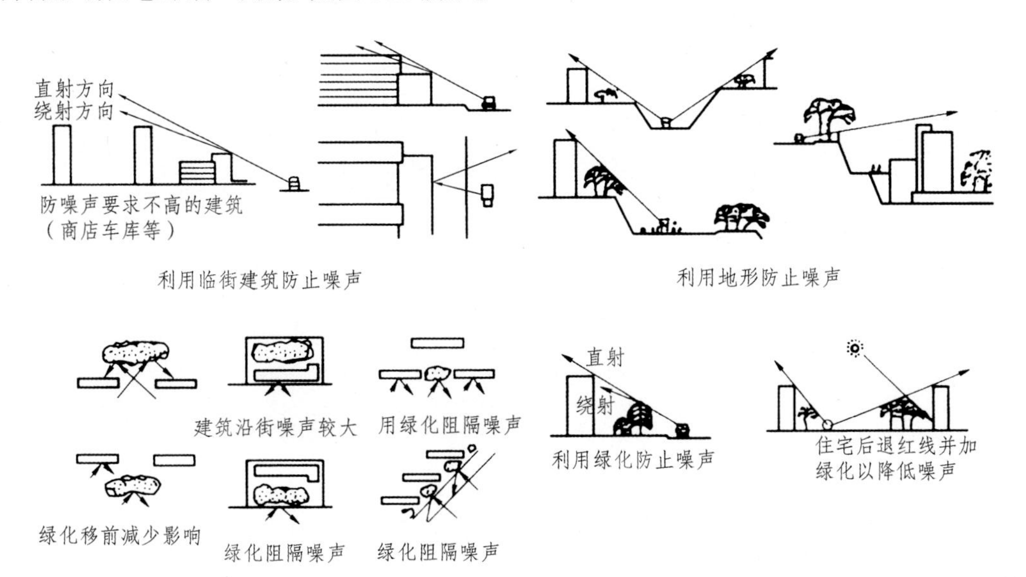

图 3.18　规划设计中住宅群体噪声防治措施（参照《城市居住区规划设计规范》图解）

3.2.5 住宅净密度控制

1. 住宅建筑净密度

住宅建筑净密度是衡量居住区环境质量的主要指标。住宅建筑净密度越大，则住宅建筑基地面积占例越高，空地率越低，即可绿化的土地就越少，居住环境质量相对下降。依据建筑气候区划分和住宅层数，规定的住宅净密度最大值控制指标如表 3–6。

表 3–6 住宅建筑净密度最大值控制指标　　%

住宅层数	建筑气候区划		
	Ⅰ、Ⅱ、Ⅵ、Ⅶ	Ⅲ、Ⅴ	Ⅳ
低 层	35	40	43
多 层	28	30	32
中高层	25	28	30
高 层	20	20	22

2. 住宅建筑面积净密度

住宅建筑面积净密度是决定居住区居住密度的重要指标。在一定住宅用地上住宅建筑面积净密度越高，该居住区的居住密度相应就越高。见表 3–7。

表 3–7 住宅建筑面积净密度的最大值　　10 000 m²/ha

住宅层数	建筑气候区划		
	Ⅰ、Ⅱ、Ⅵ、Ⅶ	Ⅲ、Ⅴ	Ⅳ
低层	1.10	1.20	1.30
多层	1.70	1.80	1.90
中高层	2.00	2.20	2.40
高层	3.50	3.50	3.50

注：1. 混合层取两者的指标值作为控制指标的上、下限。
　　2. 本表不计入地下层面积。

3.3 居住区交通设计

3.3.1 居住区道路布局模式与规划原则

1. 居住区道路布局模式

根据地形、气候、用地规模、用地四周的环境条件、城市交通系统以及居民出行方式，应选择经济，便捷的道路系统和道路断面形式。在组织居住区道路系统时，应满足居住区的交通功能的前提下，尽量使用最短的道路长度和最少的道路用地。

结合设计案例，归纳出目前居住区道路系统常用的6种基本布局模式（图3.19）。

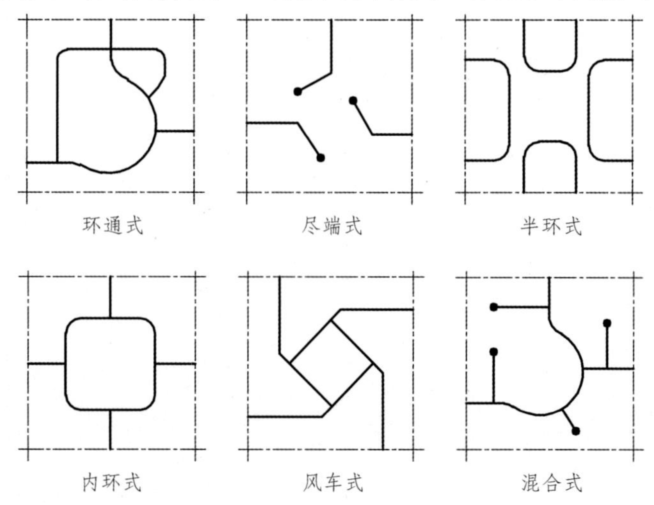

图3.19 居住区道路系统布局模式（参照《城市居住区规划设计规范》图解）

2. 居住区道路规划原则

居住区道路为居民进行日常生活的通行通道，有着居民方便、安全出行的功能。在道路系统规划设计时必须遵循以下原则：

（1）小区内应避免过境车辆的穿行，道路通而不畅、避免往返迂回，并适于消防车、救护车、商店货车和垃圾车等的通行。

（2）有利于居住区内各类用地的划分和有机联系，以及建筑物布置的多样化。

（3）当公共交通线路引入居住区级道路时，应减少交通噪声对居民的干扰。

（4）在地震烈度不低于六度的地区，应考虑防灾救灾要求。

（5）满足居住区的日照通风和地下工程管线的埋设要求。

（6）城市旧区改建，其道路系统应充分考虑原有道路特点，保留和利用有历史文化价值的街道。

（7）应便于居民汽车的通行，同时保证行人、骑车人的安全便利。

3. 道路系统类型

居住区道路系统根据不同的交通组织方式，可以分为人车混行、人车分流、人车部分分流三种基本方式。

1）人车混行

人车混行是居住区内最常见的交通组织方式，通过在居住区道路横断面两侧设置有高差的人行道，使人车安全地在一套路网系统共存。此种组织方式能有效地利用土地、经济方便，但机动车与行人互有干扰，存在安全隐患。常用于机动车较少、人口密度不大的居住区（如图3.20、图3.21）。

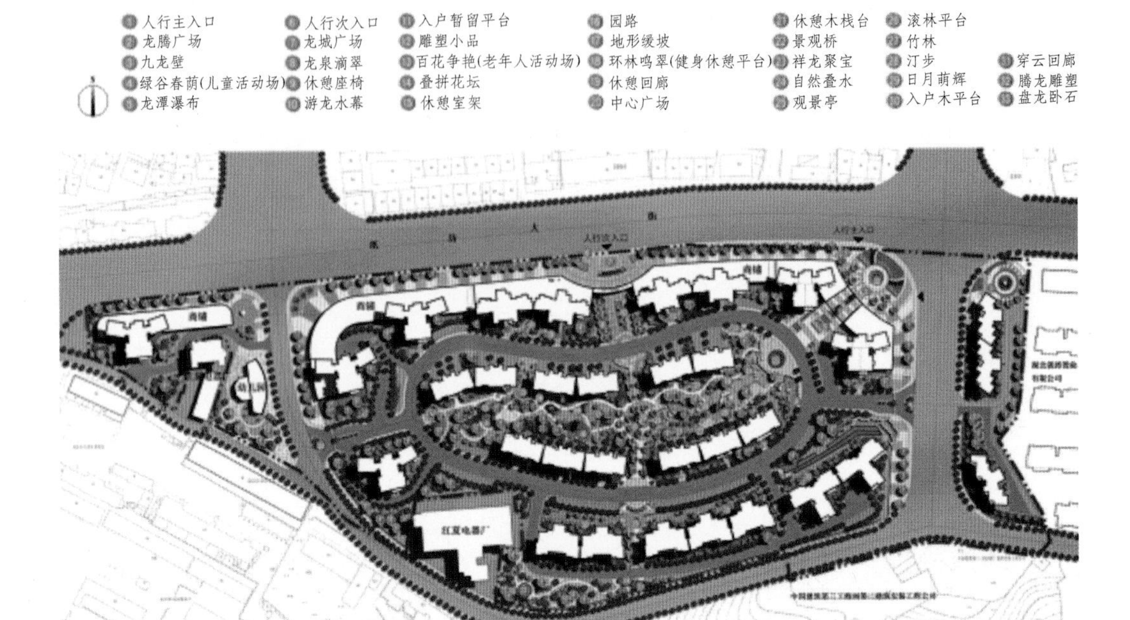

图 3.20 某小区总平面

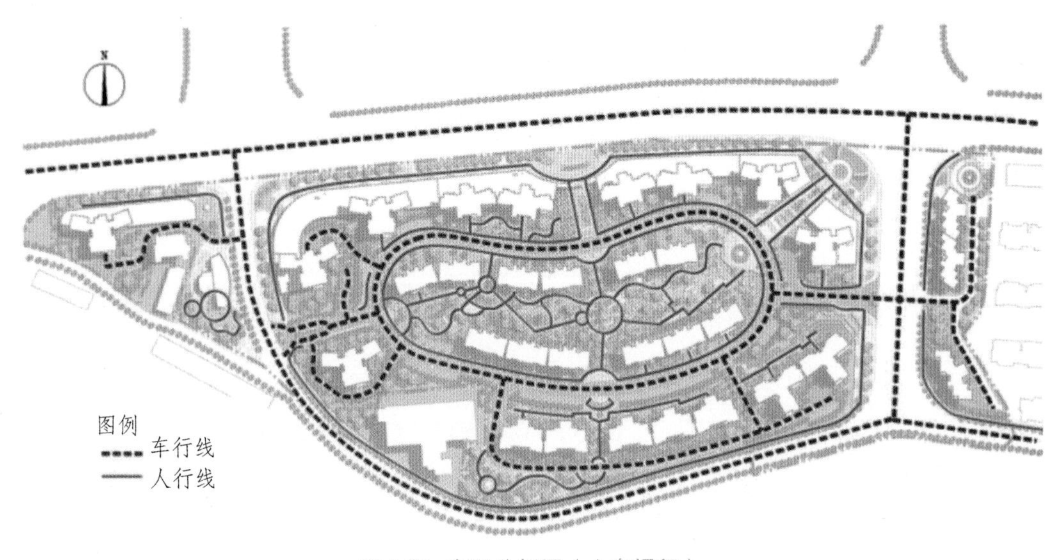

图 3.21 交通分析图（人车混行）

2）人车分流

人车分流的交通组织体系能保证居住区内部居民生活环境的安静与安全，使住宅区内各项生活能避免机动车的干扰。适用于机动车较多，人口密度比较大的居住区，有利于较好地组织景观，如图 3.22、图 3.23。

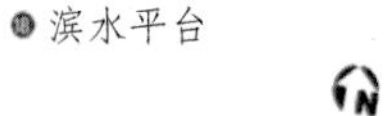
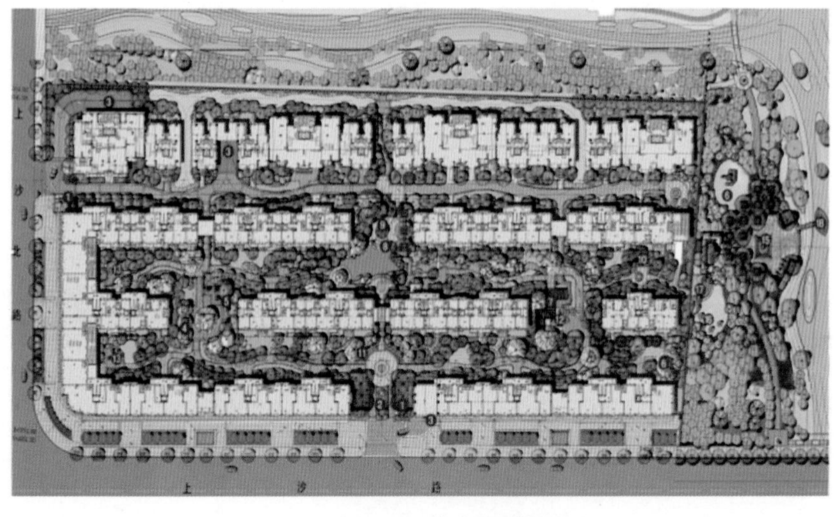

图 3.22　某小区总平面

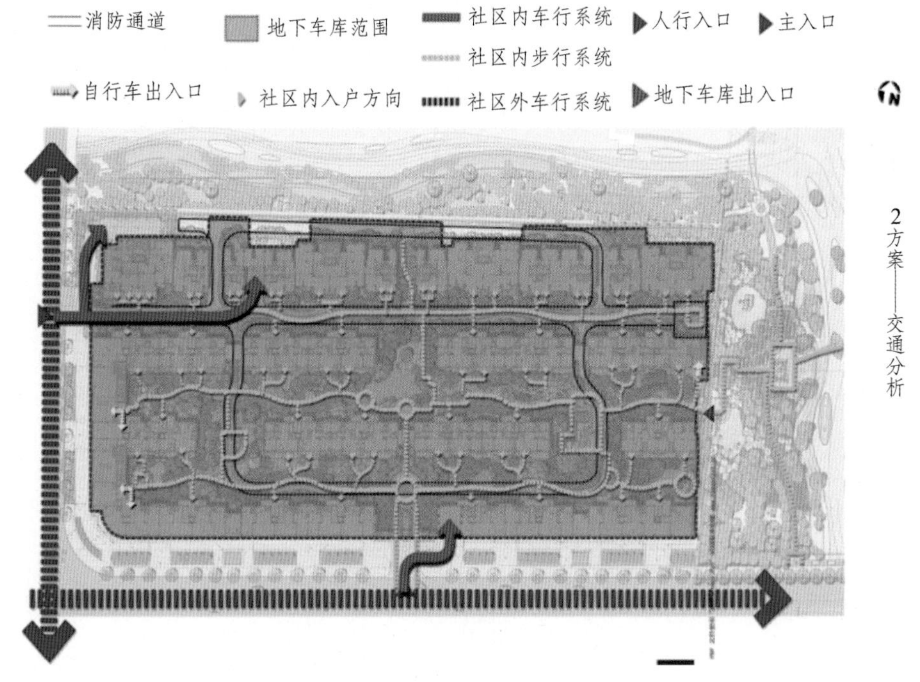

图 3.23　交通分析图（人车分流）

3）人车部分分流

以上另种的组合方式，通常居住区的公共空间采用人车混行（居住区级、小区级及部分组团道路），居民日常户外生活使用频率高的空间采用人车分流的方式（组团路或宅间路）。这种方式保证道路骨架清晰、布置简洁，停车靠近住宅，同时还能让居民拥有安全、舒适的户外活动场所，如图 3.24、图 3.25。

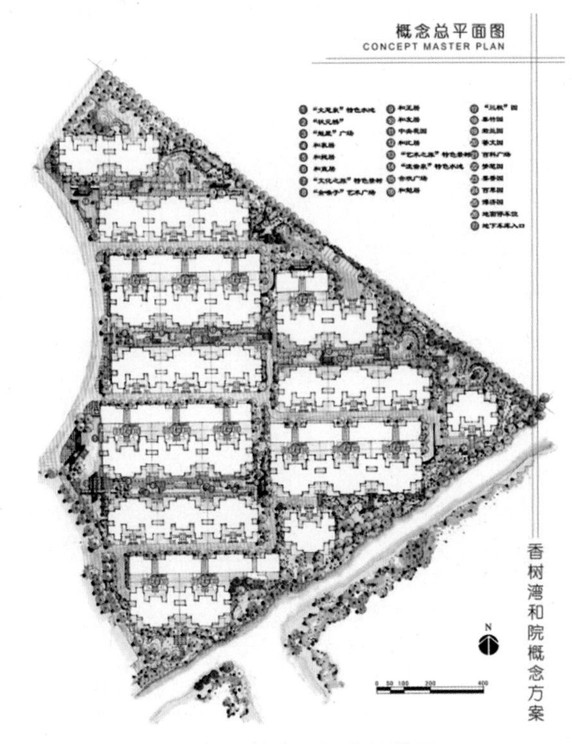

图 3.24 某小区概念总平面

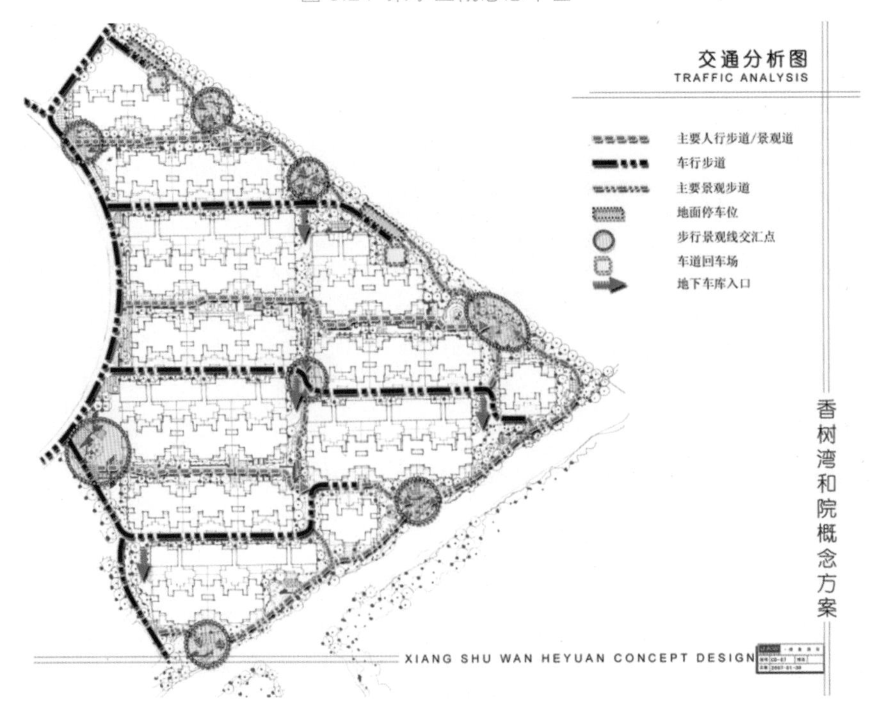

图 3.25 交通分析图（人车部分分流）

3.3.2 道路类型及分级

居住区内道路在规划结构中是居住区空间形态的骨架。根据用地规模、路网结构，可以分为：居住区级道路、居住小区级道路、居住组团级道路和宅间小路四级。在居住区规划设计中，各级道路分级衔接，组成良好的交通组织系统，能构成次分明的空间领域感。

1. 居住区级道路

常用来划分小区，是居住区内主干道。需满足城市进入居住区客货交通的需要，同时要提供足够的市政管网敷设空间，红线宽度不宜小于 20 m（图 3.26）。

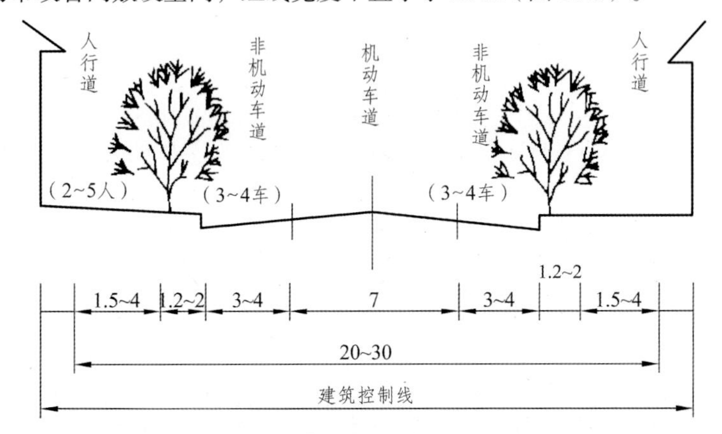

图 3.26 居住区道路（单位：m）（参照《城市居住区规划设计规范》图解）

2. 居住小区级道路

常用来划分组团，为居住区内次干道，为居住区内外联系的主要道路，具有划分并联系住宅组团、小区公共建筑和中心绿地的作用。在规划设计中，为防止居住区外部交通对小区内部的影响，小区主路不宜横平竖直，避免车辆穿越居住小区。

居住小区级道路路面是小区内部主要的客流交通，宽度要满足机动车错车和非机动车出行的要求。路面宽宜为 6 ~ 9 m，建筑控制线之间的宽度，需敷设供热管线的不宜小于 14 m；无供热管线的不宜小于 10 m（图 3.27）。

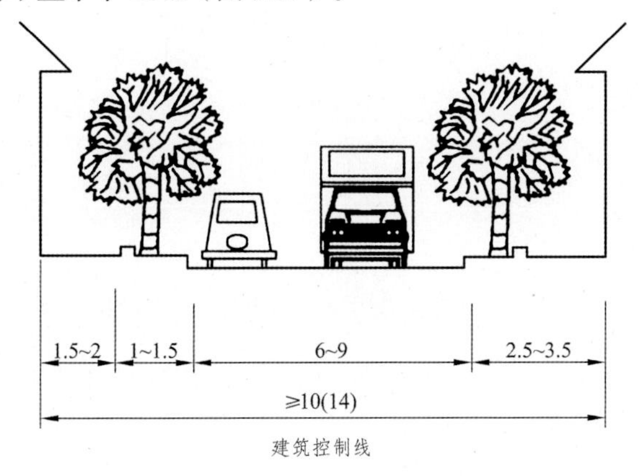

图 3.27 居住小区级道路（单位：m）（参照《城市居住区规划设计规范》图解）

3. 住宅组团级道路

住宅组团级道路是从居住小区级道路分支出来通向住宅组团内部的道路。在规划设计中，为保持组团内部空间的领域性，防止外来车辆随意进入，应在入口处设明显的标志，便于识别。路面宽可为 3 ～ 5 m；建筑控制线之间的宽度，需敷设供热管线的不宜小于 10 m；无供热管线的不宜小于 8 m（图 3.28）。

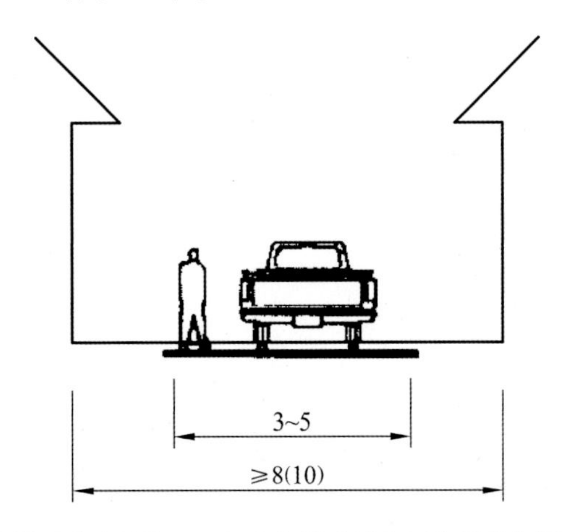

图 3.28 居住区组团路（单位：m）（参照《城市居住区规划设计规范》图解）

4. 宅间小路

为住宅之间连接个住宅出入口的道路，交通量不大。能满足居民生活所需的送货车、搬家车、急救车等到达出入口即可。路面宽不宜小于 2.5 m（图 3.29）。

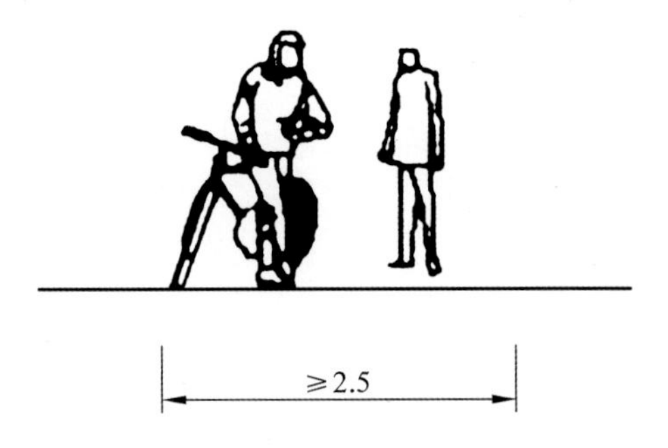

图 3.29 居住区宅间路（单位：m）（参照《城市居住区规划设计规范》图解）

3.3.3 道路设计

1. 出入口设计

（1）居住小区的主要道路至少有两个出入口，居住区内主要道路至少应有两个方向与外围道路相连，以保证有良好的内外联系。

（2）居住（小）区在城市交通性干道上的出口时，设置间距在 150 m 以上。

（3）居住区、居住小区车行道与城市级或居住区级道路的交角不宜小于 75°，应尽可能采用正交，以简化路口的交通组织。当居住区道路与城市道路交角超出规定时，可在居住区道路的出口路段增设平曲线变道来满足要求。在山区或用地有限制地区，才允许出现交角小于 75° 的交叉口，但必须对路口作必要的处理。当居住区内道路坡度较大时，应设缓冲段与城市道路相接。

（4）街区内的道路应考虑消防车的通行，其道路中心线间的距离不宜大于 160 m。当建筑物沿街道部分的长度大于 150 m 或总长度大于 220 m 时，应设置穿过建筑物的消防车道。确有困难时，应设置环形消防车道。

（5）人行出口间距不宜超过 80 m，当建筑物长度超过 80 m 时，应在底层加设人行通道。

2. 道路宽度设计

1）步行道

步行道为居民和外来人群提供的步行交通空间，以步行人流的流量和特征为设计依据。路面应有良好、不易磨损的铺装，路面平整且排水流畅，并且保证交通安全和连续且不被其他活动占用。步行道设计应该符合无障碍交通的要求，以适应老、幼、残、弱人群的步行活动。步行道基本宽度如图 3.30 所示。

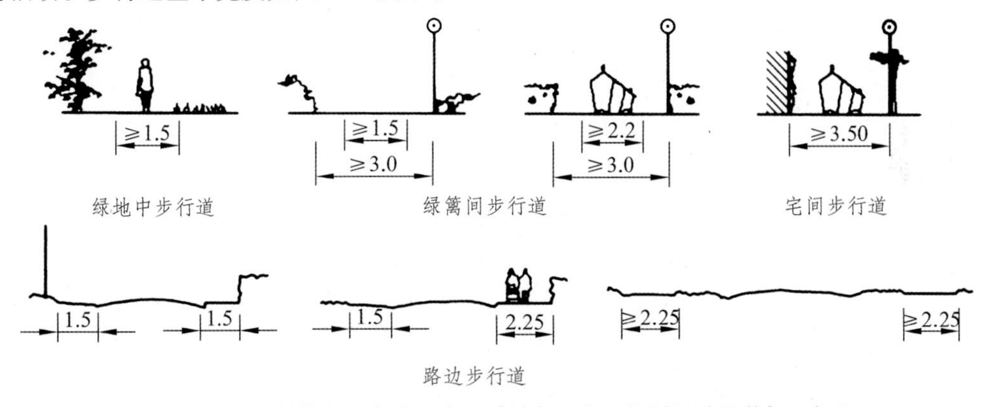

图 3.30　步行道横断面宽度（参照《城市居住区规划设计规范》图解）

2）非机动车道

非机动车道的设计需要照顾到净空高度和车道宽度。非机动车净空高度为非机动车本身的高度加安全距离之和。通常行驶的自行车的最小净空高度为 2.5 m，其他的非机动车为 3.5 m。

3）机动车道

机动车道的宽度根据车身的宽度及车辆行驶时与其他物体或车辆的安全距离确定。居住区内的各级道路的宽度还需依据交通量、市政管网敷设及道路的不同分级而定。机动车道基本尺度如图 3.31 所示。

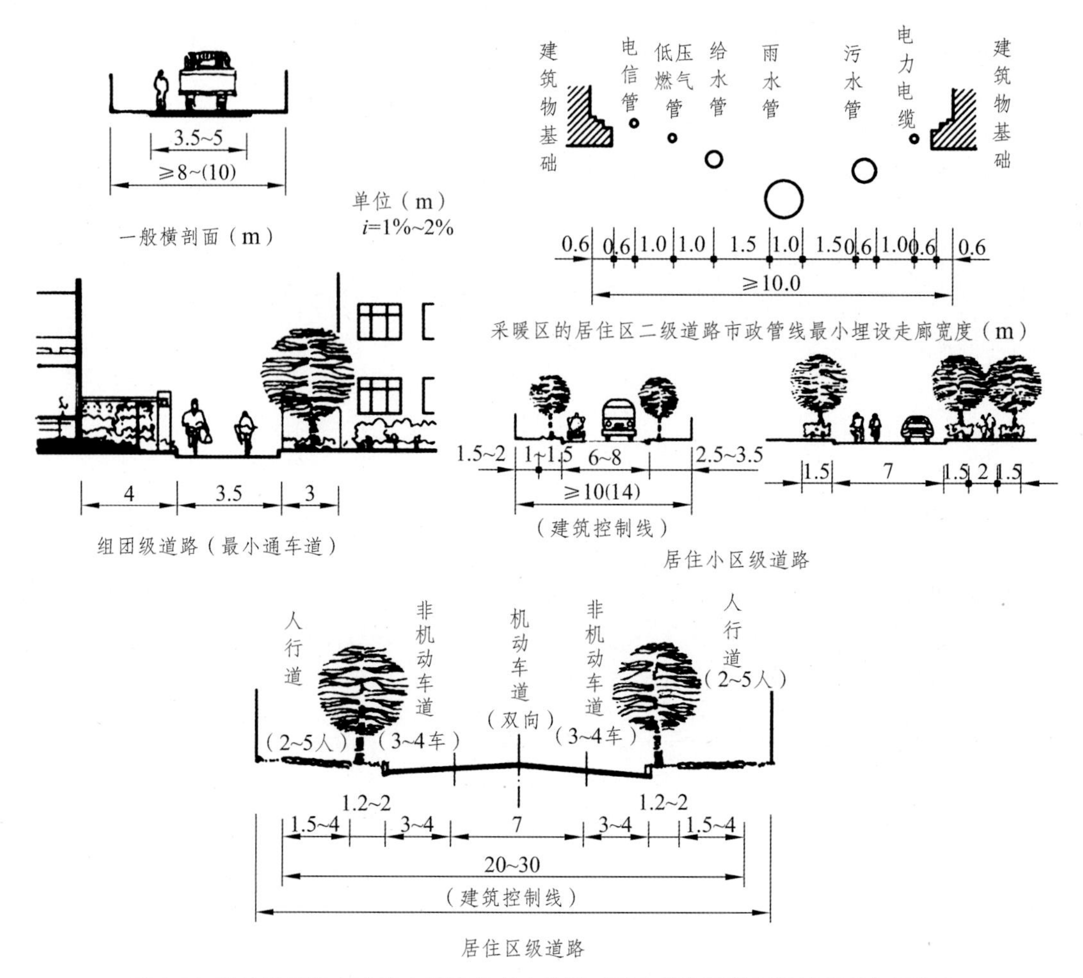

图 3.31 居住区机动车道基本尺度参考（参照《城市居住区规划设计规范》图解）

3. 坡度设计

居住区内道路纵坡指标主要依据道路的最大坡度及限制坡长和最小坡度作为控制指标（见表 3-8）。道路的最大坡度是保证车辆安全行驶的极限值；最大坡度的限制坡长是保障司机安全驾驶、避免事故而设定；最小坡度限制指标是保证路面排水的要求。

如果机动车与非机动车混行的道路，纵坡宜依据非机动车道要求，或分段按非机动车道要求控制。

表 3-8 居住区内道路纵坡控制指标

道路类别	最小坡度	最大坡度	多雪严寒地区最大坡度
机动车道	≥ 0.2	≤ 8.0%，L ≤ 200 m	≤ 5.0%，L ≤ 600 m
非机动车道	≥ 0.2	≤ 3.0%，L ≤ 50 m	≤ 2.0%，L ≤ 100 m
步行道	≥ 0.2	≤ 8.0%	≤ 4.0%

注：L 为坡度（m）。

4. 道路边缘至建、构筑物最小距离

为了在建筑底层开窗开门和行人出入不影响道路通行，建筑物上掉物不影响行人和车辆安全，敷设地下管线方便、路面绿化不干扰底层住户视线的需要，道路边缘至建、构筑物保持一定距离（见表 3–9）。

表 3–9 居住区内道路边缘至建筑物、构筑物最小距离　m

与建、构筑物关系			道路级别		
			居住区道路	小区路	组团路及宅间小路
建筑物面向道路	无出入口	高层	5.0	3.0	2.0
		多层	3.0	3.0	2.0
	有出入口		—	5.0	2.5
建筑物山墙面向道路		高层	4.0	2.0	1.5
		多层	2.0	2.0	1.5
围墙面向道路			1.5	1.5	1.5

注：居住区道路的边缘指红线；小区路、组团路及宅间小路的边缘指路面边线。当小区设有人行便道时，其道路边缘指便道边线。

3.3.4 停车场规划设计

居住区停车场(位)的规划布局应结合小区的整体道路交通组织规划安排,以方便、经济、安全为原则。

1. 机动车的停车组织

机动车的停车方式与交通组织是停车设施的核心问题，要解决好停车场地内的停车与行车通道关系，以及与外部道路交通的关系，使车辆进出顺畅、线路短捷、避免交叉与逆行。

车辆停放方式关系到车位组织、停车面积以及停车设施的规划设计。车辆停放方式有三个基本类型，即平行式、垂直式和斜列式（图 3–32），停车位基本尺度参考表 3–10。

表 3–10 停车位基本尺度参考表　m

车型	平行式			垂直式			斜列式（45°）		
	W_1	H_1	C_1	W_2	H_2	C_2	W_3	H_3	C_3
小客车	3.50	2.50	8.00	6.00	5.30	2.50	4.50	5.50	3.50
较重卡车	4.50	3.20	11.00	8.00	7.50	3.20	5.80	7.50	4.50
大客车	5.00	3.50	16.00	10.00	11.00	3.50	7.00	10.00	5.00

注：通道为双行时，需加宽 2 ~ 3 m。

2. 居住区机动车停车设施设计

（1）路边停车　不应占压人行道，妨碍行人通行。路边停车有垂直停放、平行停放和斜列式停放多种形式，各种路边停车的基本形式与尺寸见图 3.32。

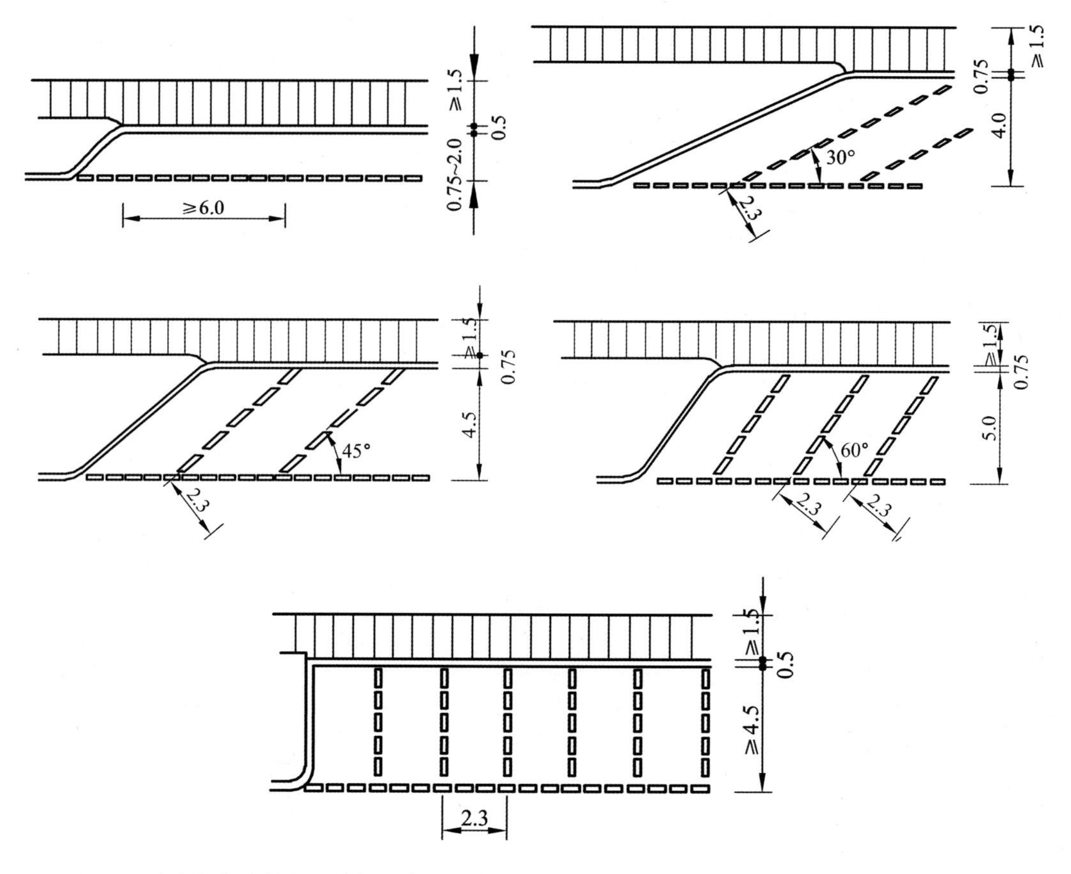

图 3.32 路边停车的基本形式与尺度（单位：m）（参照《城市居住区规划设计规范》图解）

（2）停车场　一种露天的集中停放方式，为便于使用、管理和疏散，宜布置在车行道毗连的专用场地上，三种常见的停车场布置形式见图 3.33。

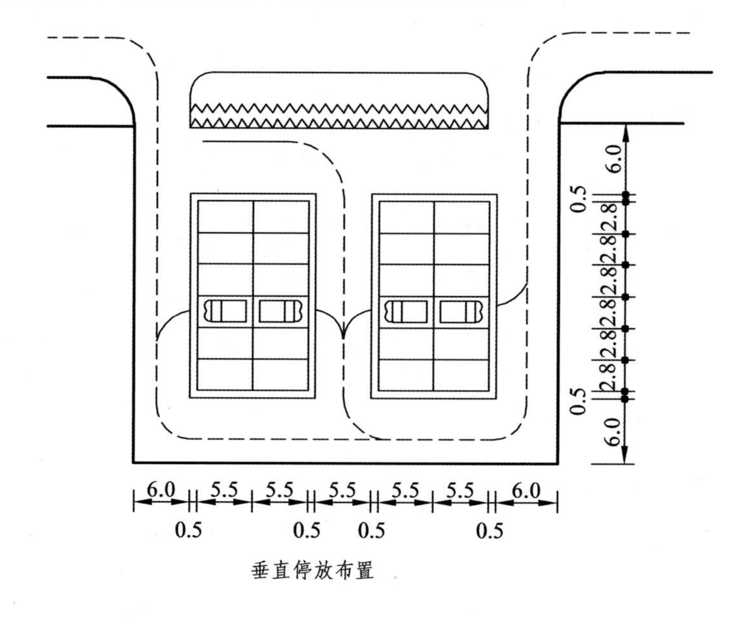

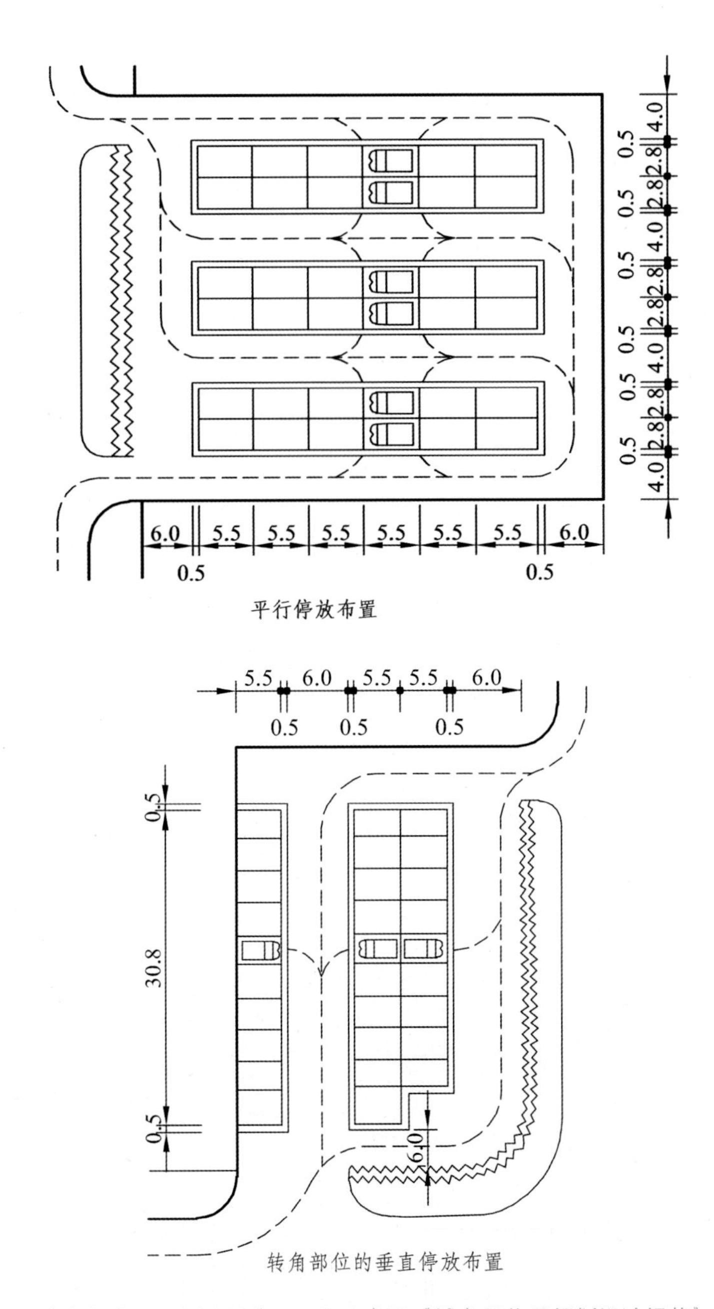

平行停放布置

转角部位的垂直停放布置

图 3.33　停车场布置示例（单位：m）（参照《城市居住区规划设计规范》图解）

（3）停车库　一种室内集团形式，利于管理与维护，安全可靠，但投资较大。地下机动车停车库的地上地下、多层机动车停车库的层与层之间的垂直交通方式有坡道式和机械式两类。坡道式对居住区较为适宜（图 3.34、表 3–11）。

地上机动车停车库和停车场，当停车位大于 50 辆时，其疏散口数不少于 2 个。地下车库当停车位大于 100 辆时，其疏散口不少于 2 个。疏散口距离不小于 10 m。汽车疏散坡道宽度不应小于 4 m，双车道不宜小于 7 m。

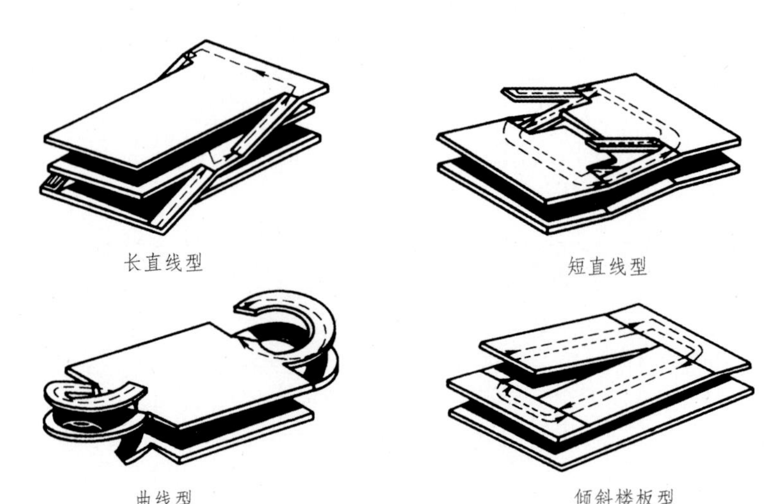

图 3.34　停车库坡道形式（参照《城市居住区规划设计规范》图解）

表 3–11　坡道参数参考

类型	小型汽车		载重汽车	
	坡度 /%	坡道宽 /m	坡度 /%	坡道宽 /m
直线坡道	≤ 12	3 ~ 3.5（单），≥ 5.5（双）	≤ 8	3.5 ~ 4（单），≥ 7（双）
曲线坡道	≤ 9	4.2 ~ 4.5（单），≥ 7.8（双）	≤ 6	5.5（单），≥ 9.4（双）

3. 居住区停车场地规划要求

（1）居民汽车停车场停车率不应小于 10%。

（2）居住区内地面停车率（居住区内居民汽车的停车位数量与居住户数的比率）不宜超过 10%。

（3）居民停车场、库的布置应方便居民使用，服务半径不宜大于 150 m。

此外，居民停车场、库的布置应留有必要的发展余地。

3.4　居住区竖向设计

3.4.1　竖向设计的基本知识

1. 场地竖向设计基本概念

竖向设计是场地总体布局的一个重要组成部分，关系到场地的安全稳定，也直接影响到空间的组成。竖向设计一般是在总体布局之后进行的。不论平坦场地或坡地场地，都必须给出建、构筑物的设计标高，进行场地排雨水设计，使建筑与地形密切配合，以便创造出优秀的场地规划布局和建筑设计。当然，在坡地场地设计中，因地形、地质较复杂，支挡构筑物和排水构筑物多，竖向设计不仅难度较大，而且关系到方案的可行性与场地开拓的经济性，所以，竖向设计的重要性更为突出。

竖向设计（或称垂直设计、竖向布置）是对基地的自然地形及建、构筑物进行垂直方向的高程（标高）设计，既要满足使用要求，又要满足经济、安全和景观等方面要求。

2. 居住区的竖向规划内容

居住区的竖向规划是在分析利用原有地形条件的基础上，改造出适宜建筑布置和排水，达到功能合理、技术可行、造价经济和景观优美要求的场地。具体的内容见图 3.35。

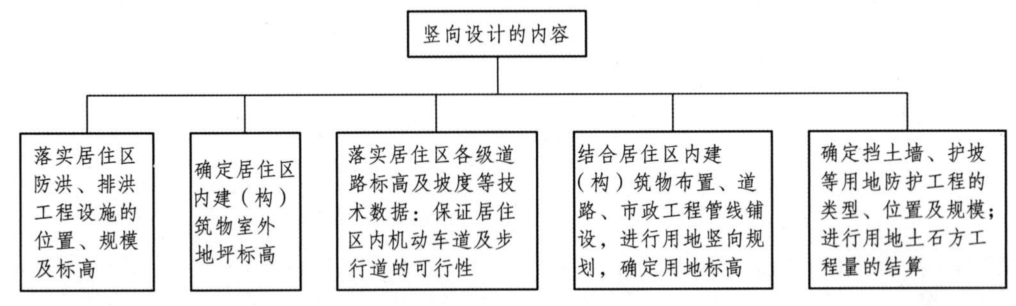

图 3.35　竖向设计的内容

3. 场地设计地面形式

场地设计地面形式是将自然地形改造成为满足使用功能的人工地形，依据不同的自然地形坡度，可分别设计成平坡式、台地式及混合式。

（1）当自然地形坡度小于 8% 时，可采用平坡式布置（如图 3.36）。

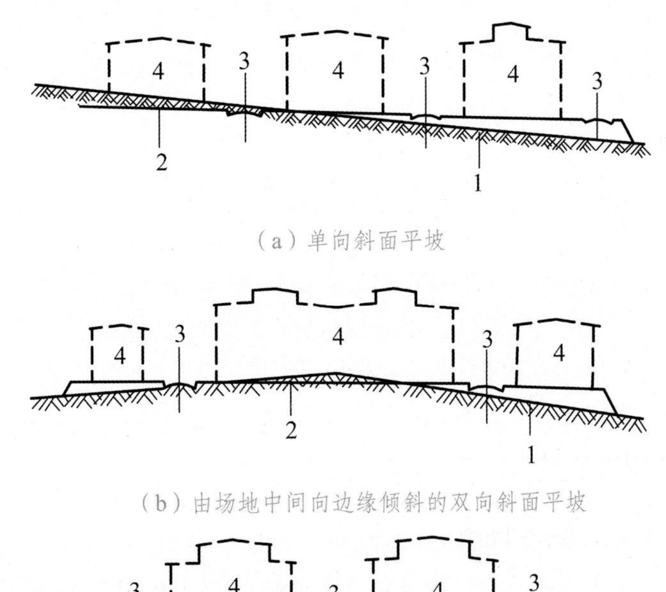

（a）单向斜面平坡

（b）由场地中间向边缘倾斜的双向斜面平坡

（c）由场地边缘向中间倾斜的双向斜面平坡

图 3.36　平坡式场地布置示意图

1—自然地面；2—设计地面；3—道路；4—建筑物

（2）当自然地形坡度大于 8% 时，可采用台地式布置。台地高度以为 1.5 ~ 3.0 m，台地之间应设挡土墙或护坡联系（如图 3.37）。

（3）采用混合式布置时，台地的划分应与场地的功能和使用性质相协调。

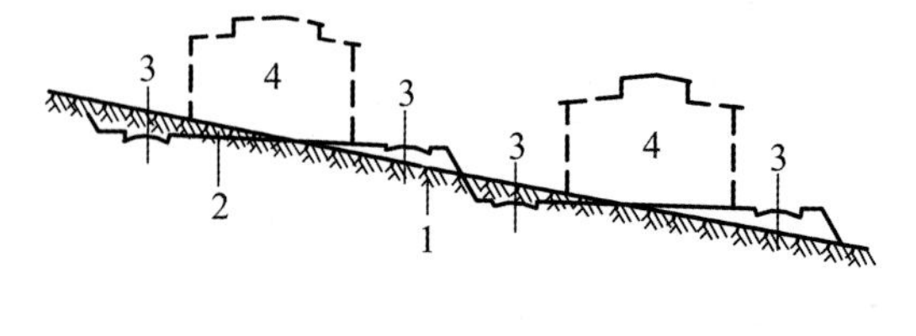

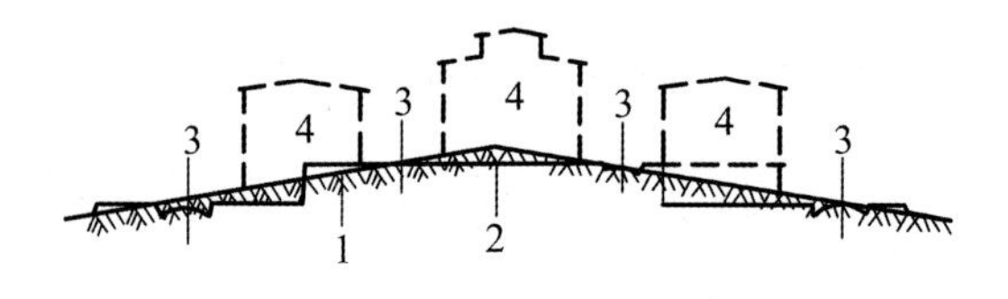

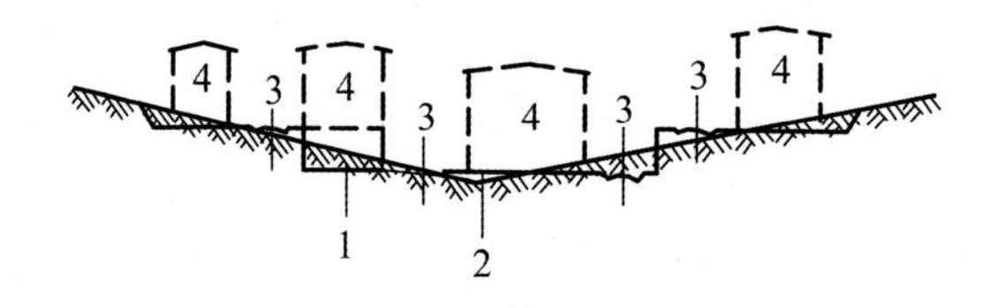

图 3.37 台地式布置示意图

1—自然地面；2—设计地面；3—道路；4—建筑物

4. 标高设计

标高设计的主要内容是合理确定建筑物、构筑物、道路、场地和标高及位置。

1）标高设计的主要因素与要求

（1）考虑防洪、排水因素，设计标高要使雨水顺利排走，基地不被水淹，建筑不被水倒灌，山地注意防洪排洪问题，近水域的基地设计标高应高出设计洪水位 0.5 m 以上。

（2）考虑地下水位、地质条件，避免在地下水位很高的地段挖方，地下水位低的地段，因下部土层比上部土层的地耐力大，可考虑挖方，挖方后可获得较高地耐力，并可减少基础埋设深度和基础断面尺寸。

（3）考虑道路交通，需要考虑基地内外道路的衔接，并使区内道路系统平顺、便捷、完善；道路和建筑、构筑物及各场地间的关系良好。

（4）考虑节约土石方量，设计标高在一般情况下应尽量接近自然地形标高，避免大填大挖，尽量就地平衡土石方。

（5）考虑建筑空间景观，设计标高要考虑建筑空间轮廓线及空间的连续与变化，使景观自然、丰富生动，具有特色。

（6）考虑利用施工因素，设计标高要符合施工技术要求，采用大型机械平整场地，则地形设计不宜起伏多变；土石方应就地平衡，一般情况下，土方宜多填少挖，石方宜少挖；垃圾淤泥要挖除；挖土地段宜作建筑基地，填方地段宜作绿地、场地、道路等承载量小的设施。

2）设计标高的确定

（1）建筑设计标高

建筑设计标高的确定要求避免室外雨水流入建筑物内，并引导室外雨水顺利排除，有良好的空间关系并保证有便捷的交通。

室内地坪，建筑室内地坪标高要考虑建筑物至道路的地面排水坡度最好在 1% 到 3% 之间，一般允许在 0.5% ～ 6% 的范围内变动，这个坡度同时满足车行技术要求。

当建筑无进车道时，主要考虑人行要求，室内高差的幅度可稍增大，一般要求室内地坪高于室外整平地面标高 0.45 ～ 0.60 m，允许在 0.3 ～ 0.9 m 的范围内变动。

地形起伏变化较大的地段，建筑标高在综合考虑使用、排水、交通等要求的同时，要充分利用地形减少土石方工程量，并要组织建筑空间体现自然和地方特色。如将建筑置于不同标高的台地上或将建筑竖向作错迭处理，分层筑台等，并要注意整体性，避免杂乱无序。

（2）道路标高

道路标高设计需满足道路技术要求、排水及管网敷设要求。在一般情况下，雨水由各处正平场地排至道路，然后沿路缘石排水槽入雨水口。所以道路不允许有平坡部分，保证最小纵坡≥ 0.3%，道路中心标高一般应比建筑的室内地坪低 0.25 ～ 0.30 m 以上。

（3）室外场地

坡度不小于 0.3%，并不得坡向建筑散水。力求各种场地设计标高适合雨水、污水的排水组织和使用要求，避免出现凹地。

5. 场地排水

不同场地的坡度设计会为场地排水组织提供条件。根据场地地形特点和标高设计，划分排水区域，进行排水组织。排水方式常分为暗管排水和明沟排水。

（1）暗管排水　用于地势平坦的地段，道路低于建筑物标高并利用雨水口排水。雨水口每个可担负 0.25 ～ 0.5 hm^2 汇水面积，多雨地区采用低限，少雨地区采用高限。见表 3–12。

表 3–12　多雨地区雨水口距与道路纵坡要求

道路纵坡 /%	雨水口距 /m
<1	30
1 ～ 3	40
3 ～ 4	40 ～ 50
4 ～ 6	50 ～ 60
6 ～ 7	60 ～ 70
>7	80

（2）明沟排水　用于地形复杂的地段。明沟纵坡一般为 0.3% ～ 0.5%。明沟断面宽 400 ~ 600 mm，高 500 ~ 1 000 mm。明沟边距离建筑物基础不小于 3 m，距围墙不小于 1.5 m，距道路边护脚不小于 0.5 m。

3.4.2 居住区竖向设计方法

居住区竖向设计的方法有多种，常用的有设计标高法和设计等高线法。

1. 设计标高法

设计标高法（又称高程箭头法），是一种简便易行的方法，即用设计标高点和箭头来表示地面控制点的标高、坡向及雨水流向；表示出建筑物、构筑物的室内外地坪标高，以及道路中心线、明沟的控制点和坡向并标明变坡点之间的距离（图 3.38）；必要时可绘制示意断面图。一般设计步骤如下：

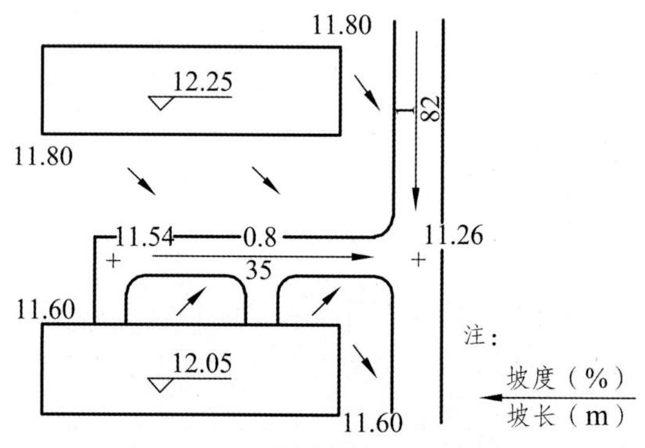

图 3.38 设计标高法表达示意图

（1）确定设计地面形式。根据地形和规划要求，确定设计地面适宜的平整形式，如平坡式、台阶式或混合式等。

（2）道路竖向设计。要求标明道路中轴线控制点（交叉点、变坡点、转折点）的坐标及标高，并标明各控制点的道路纵坡与坡长。通常由居住区边界已确定的道路标高引入内部，并逐级向整个道路系统推进，最后形成标高闭合的道路系统。

（3）室外地坪设计标高。保证室外地面适宜的坡度，表明控制点整平标高。

（4）建筑标高与建筑定位。根据要求标明建筑室内地坪标高，并标明建筑坐标或建筑物与其周围固定物的距离尺寸，以对建筑物定位。

（5）地面排水。用箭头法表示设计地面的排水方向（图 3.39），若有明沟、则标明明沟底面的控制点标高、坡度及明沟的高宽尺寸。

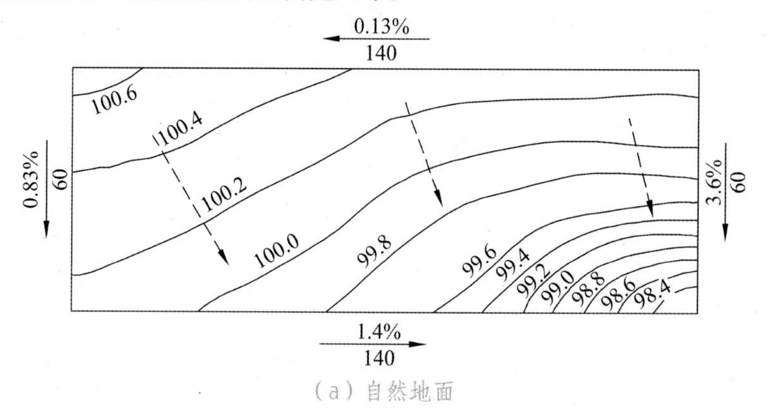

（a）自然地面

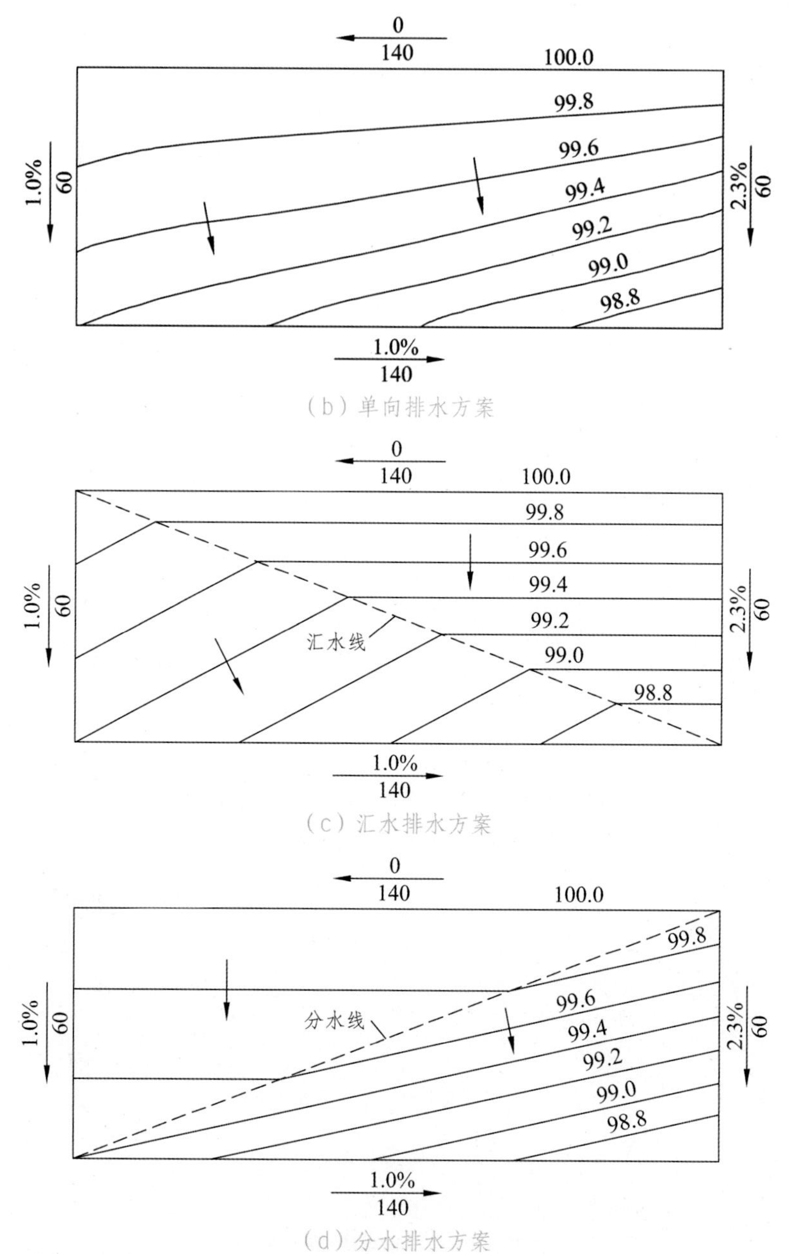

（b）单向排水方案

（c）汇水排水方案

（d）分水排水方案

图 3.39 设计标高法排水方案示意图

（6）挡土墙、护坡。设计地坪的台阶连接处标注挡土墙或护坡的设置。

（7）剖面图和透视图。在具有特征或竖向较复杂的部位，作出剖面图以反映设计标高，必要时作出透视图以表达设计意图。

2. 设计等高线法

设计等高线法操作步骤与设计标高法基本一致，表达形式不同。设计等高线法是将相同设计标高点连接而成，用设计标高和设计等高线表达竖向设计（图 3.40、图 3.41）。设计中，为节约土石方应使等高线尽量接近原等高线。设计等高线法便于土石方计算、容易表达设计地形和原地形的关系、便于检查设计标高的正误，适用于地形复杂的地段或坡地。

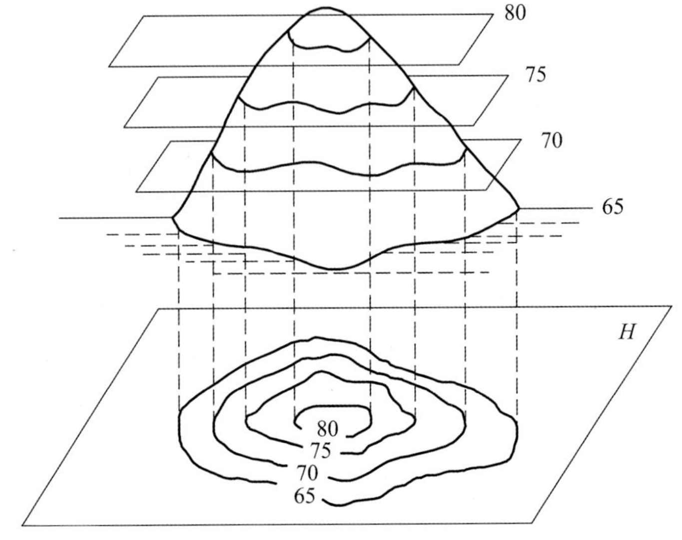

图 3.40 等高线原理示意图

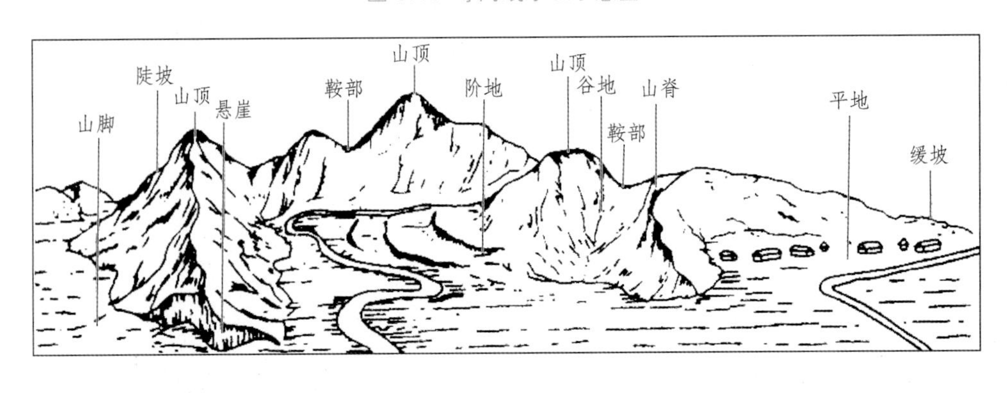

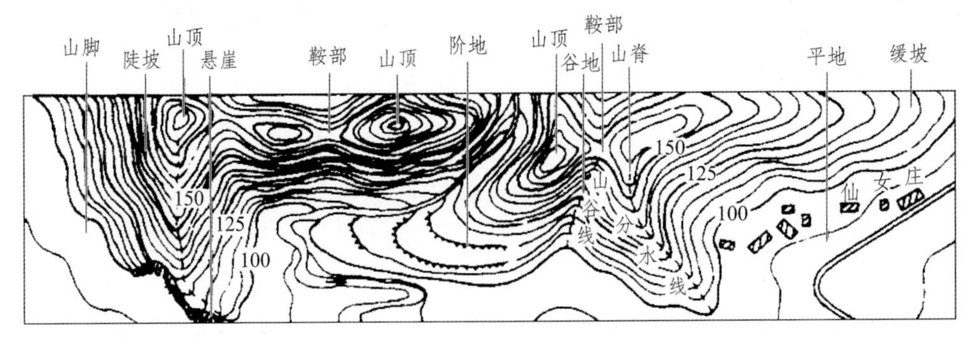

图 3.41 地貌等高线表达示意图

3.5 场地规划实例

张家界龙庭国际项目位于张家界市永定区崇文路鹭鸶湾大桥西侧澧水西岸，正东、正南面向澧水。如图 3.42、3.43 所示。

图 3.42　项目总平面图

图 3.43　鸟瞰图

1. 场地条件分析

项目地块属于新老城区结合地带，交通便利，占地约 20 万平方米，地块呈不规则分隔。地块地势平缓，沿河堤岸与项目地块高差较小，有利于江景可视楼层高度的最大化，提升沿岸区域的价值。相关分析图如图 3.44 ～ 3.47 所示。

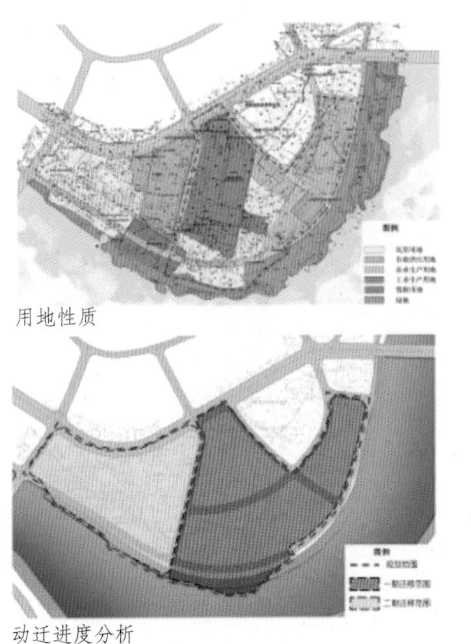

用地性质

建筑现状分析

动迁进度分析

已有建筑分析：

项目地块建筑现状具有一个很大的特点，市政公用建筑多，也有一部分国营工厂，有利于动迁开发工作的进度。

动迁进度分析：

一期动迁工作基本上已经告完，动迁难度较小，动迁对象基本上是工厂与公用建筑。二期动迁工作的重心为居民住宅，包括一部分工厂与教育建筑，有一定的动迁难度。

图 3.44 用地现状分析

场地高程分析：

项目地块总体地形走势偏缓，起伏较小，拥有良好的土地开发条件。

图 3.45 地形分析图

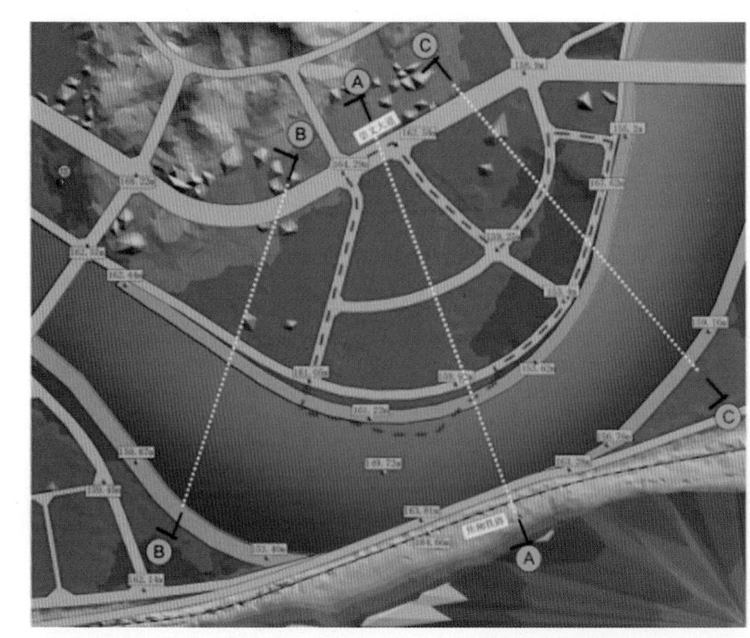

视线分析：

项目地块地势平缓，沿河堤岸与项目地块高差较小。有利于江景可视楼层高度的最大化，提升项目沿岸区域价值。

- - - 规划范围

视线

Ⓐ 剖切面符号

图 3.46 视线分析示意图 a

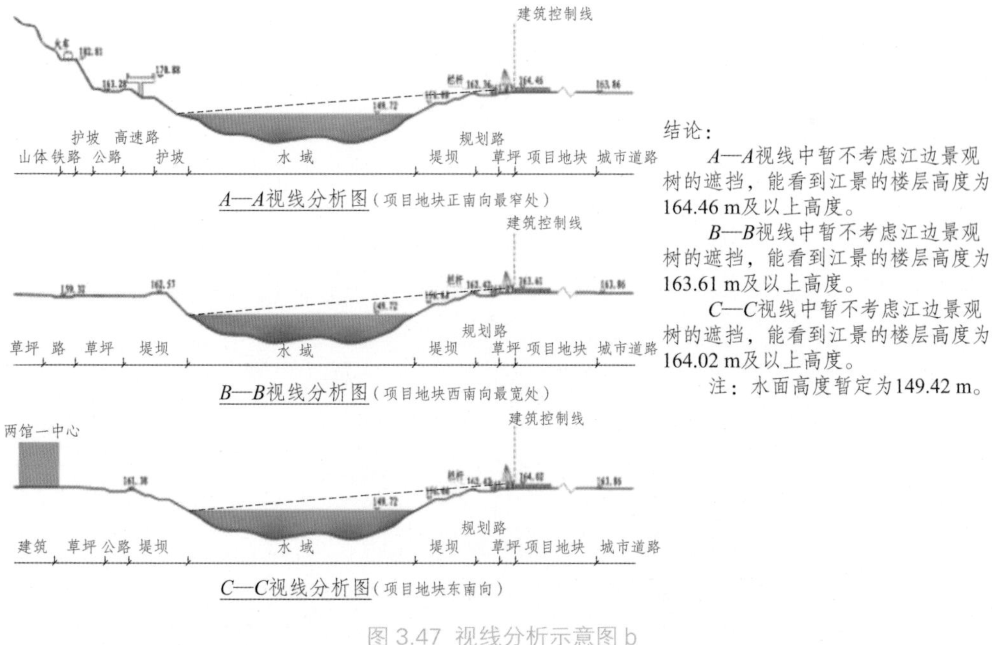

图 3.47 视线分析示意图 b

2. 建筑规划

为实现用地价值的最大化，使更多的住户拥有江景，因此项目主打洋房产品，提高社区档次。户型在满足舒适度的前提下，适当控制面积。项目地块基本上毗邻城市干道，因此商业沿街布置，能保证良好的商业价值。如图 3.48 ~ 3.50 所示。

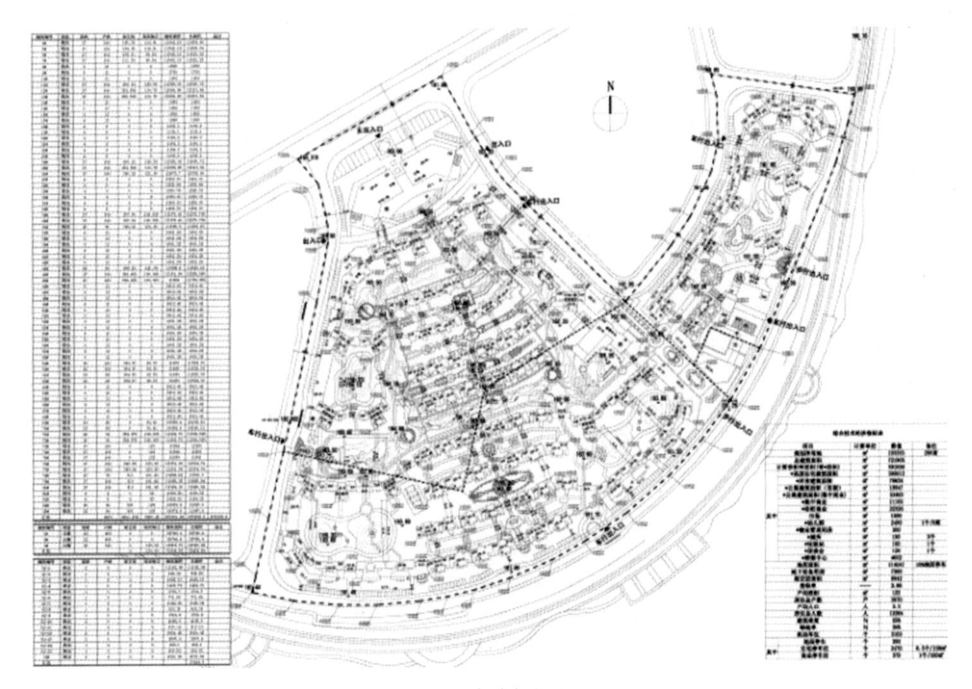

图 3.48 规划总平面

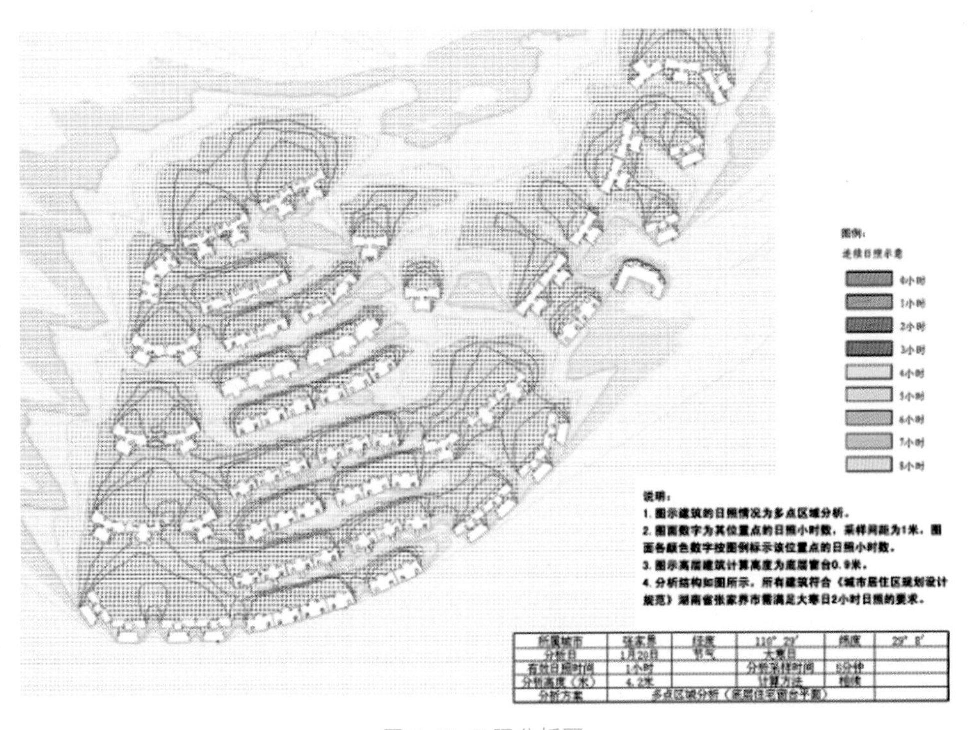

图 3.49 日照分析图

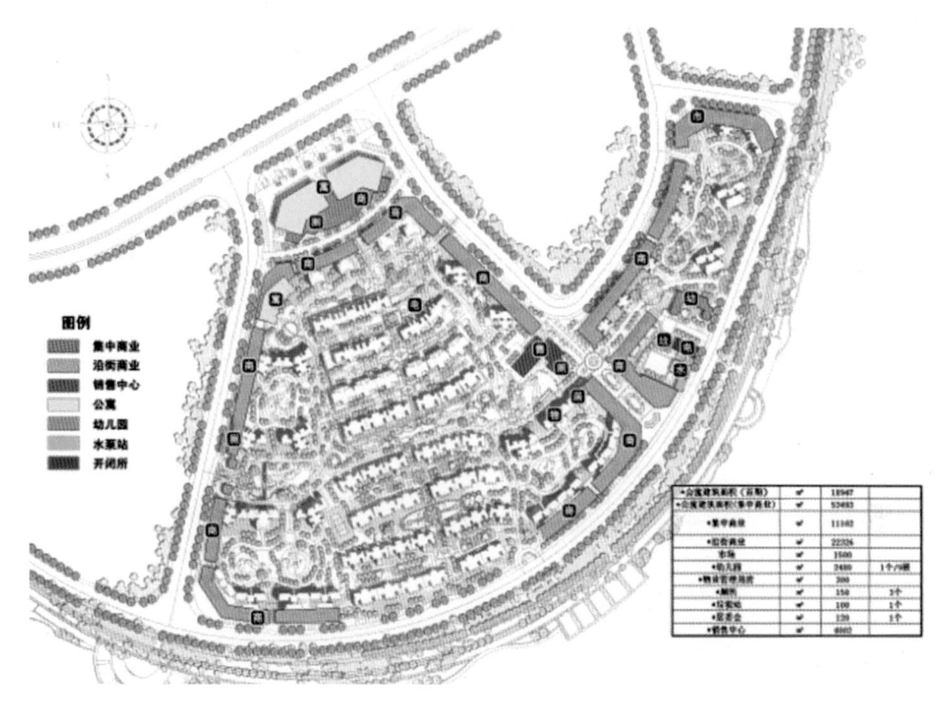

图 3.50 公建配套设施分布图

3. 交通规划

整个住区的交通系统采用人车分流的形式，最大程度减少行车对生活的影响。居住区内拥有大尺度中心景观步行道、商业景观步行道及若干景观步行道纵横贯穿于整个项目。如图 3.51 ~ 3.54 所示。

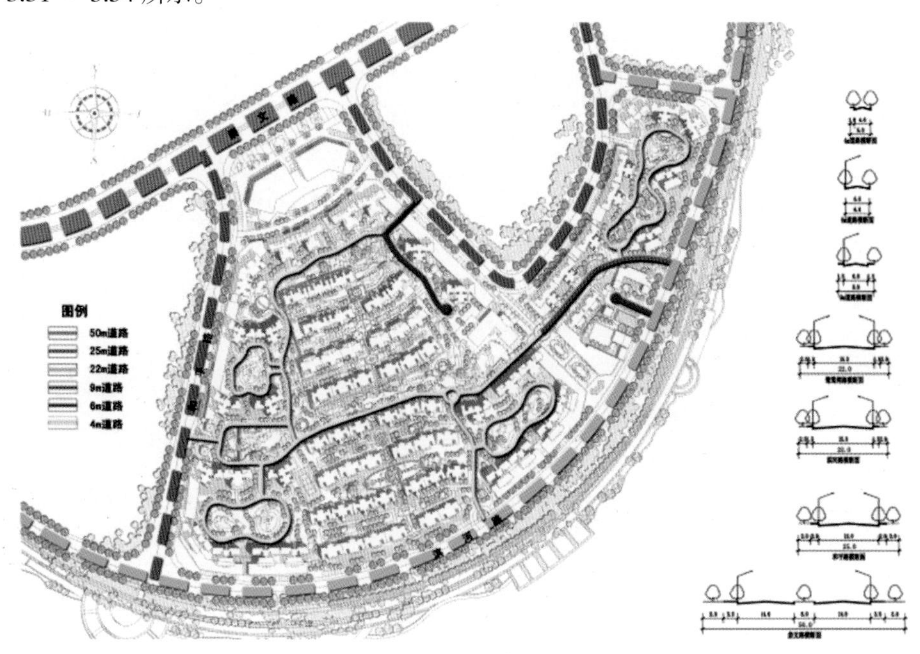

图 3.51 道路规划图

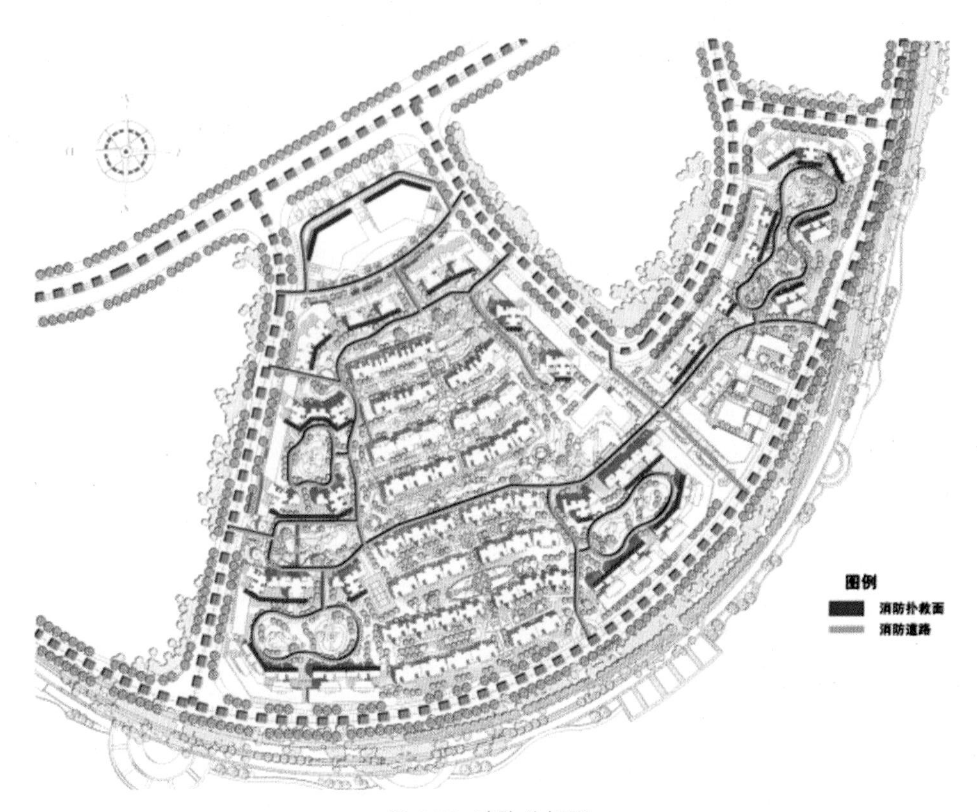

图 3.52 消防分析图

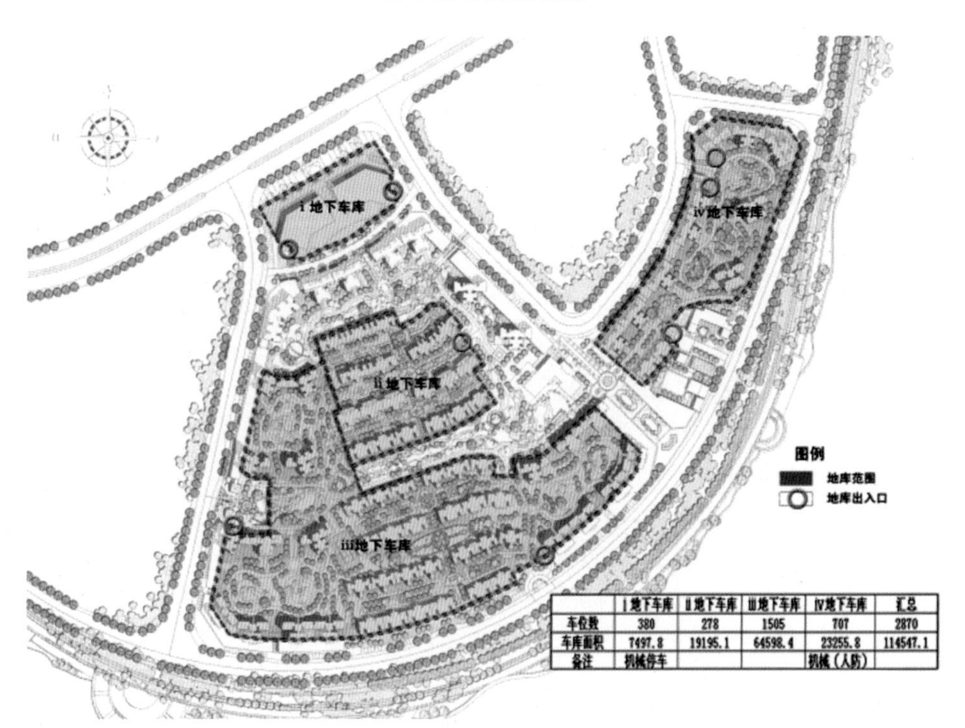

	Ⅰ地下车库	Ⅱ地下车库	Ⅲ地下车库	Ⅳ地下车库	汇总
车位数	380	278	1505	707	2870
车库面积	7497.8	19195.1	64598.4	23255.8	114547.1
备注	机械停车			机械（人防）	

图 3.53 静态交通分析

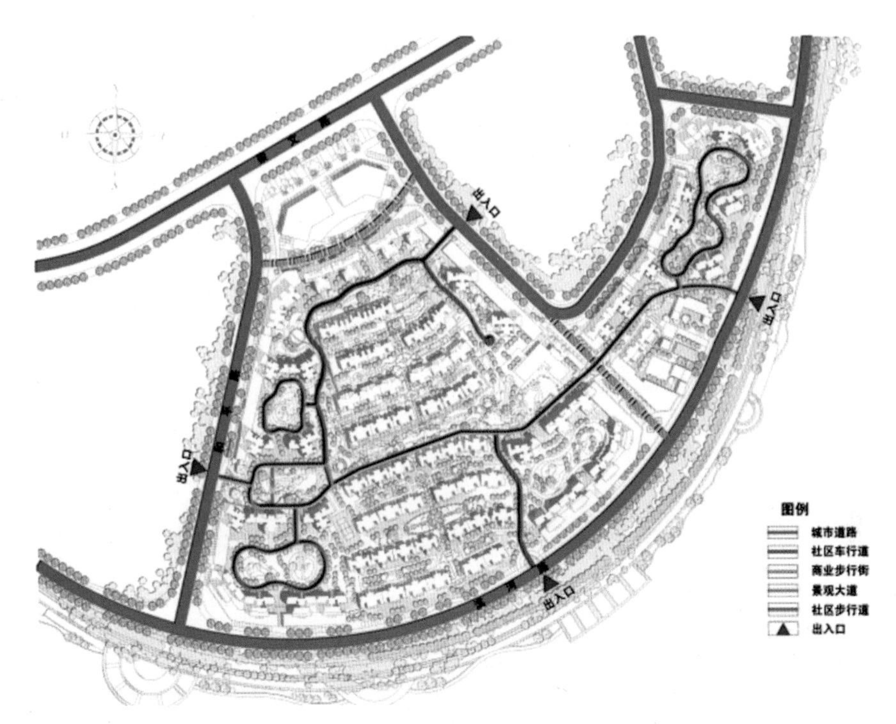

图 3.54　动态交通分析

4. 竖向规划

竖向规划如图 3.55、3.56 所示。

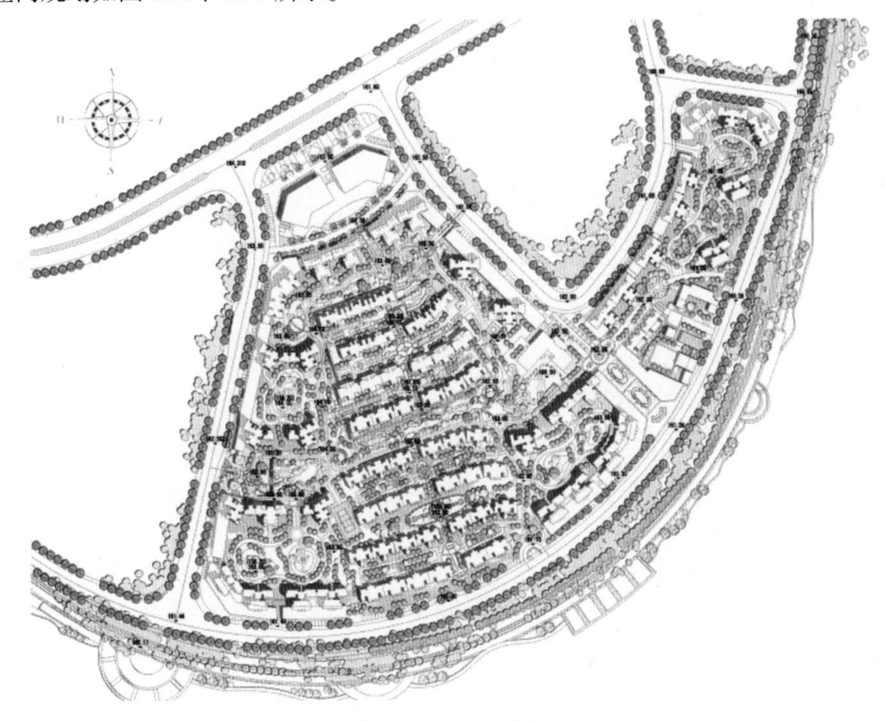

图 3.55　竖向规划图

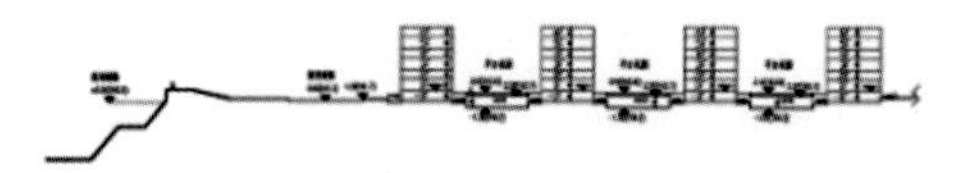

图 3.56 剖面示意图

任务四　居住区建筑设计

4.1 居住区建筑功能、类型及风格

4.1.1 居住区建筑类型

1. 从层数分

根据《民用建筑设计通则》（GB 50352—2005）的规定，住宅的类别见表 4–1。

表 4–1 住宅建筑分类

住宅层数	分 类
1 ~ 3 层	低 层
4 ~ 6 层	多 层
7 ~ 9 层	中高层
10 层以上	高 层

低层：在 3 层以下，造价一般比较低，但在大都市中过量的低层住宅，会导致土地利用强度明显偏低。

多层：通常指 3 层以上、7 层以下，为了追求更多的空间或利益，建设单位一般都想增加楼层，但我国的规范又规定了 7 层以上（含 7 层）必须有电梯，因此大多数多层住宅都盖成 6 层，或将第 6 层设计为跃层式（6 + 1 层）。

高层：10 层以上的建筑。其中，规范规定住宅建筑 7 层以上（含 7 层）必须设电梯，12 层以上（含 12 层）至少设 2 部电梯，11 层或 11 + 1 层的高层建筑又称为小高层；100 m 以上的建筑称为超高层，在住宅建筑中很少见。

2. 从功能上分

住宅、公共建筑（幼儿园、商业、社区区中心等）、其他用房等，如图 4.1、4.2 所示。

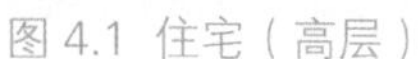
图 4.1 住宅（高层）

图 4.2 公共建筑（商业）

4.1.2 住宅建筑组合形态

住宅建筑的组合形态不仅受建筑本身形态及功能限制，也受到地形地貌和用地条件的限制。因此，住宅建筑的组合形态多变。常见的住宅建筑组合形态有：行列式、周边式、点群式以及混合式等。

1. 行列式

行列式是板式单元住宅或联排式住宅按一定朝向和间距成排布置，使每户能够获得良好的日照和通风条件，便于布置道路、管网，方便工业化施工。住宅排列在平面上有强烈的规律性，但也要避免空间的单调呆板，多考虑住宅组群建筑空间的变化，保证良好的景观效果。根据布局，行列式还可以有平行排列、交错排列、扇形排列等多种组合方式，如图 4.3、4.4 所示。

图 4.3 行列式平面图

图 4.4 行列式透视图

2. 周边式

住宅沿街或院落周边布置，形成封闭或半封闭的内院空间，院内安静、安全，有利于室外活动场地、小块公共绿地和小型公建等居民交往场所布置。周边式布置可以节约用地，但是部分住宅朝向差，在地形起伏较大的地段会造成较多的土石方量。周边式布置主要有单周边、双周边、自由周边等，如图 4.5、4.6 所示。

图 4.5 周边式平面图

图 4.6 周边式透视图

3. 混合式

行列式和周边式两种基本形式的结合或变形的组合形式。如图 4.7，地块住宅布置以行列式为主，西南角公建以周边式布置。

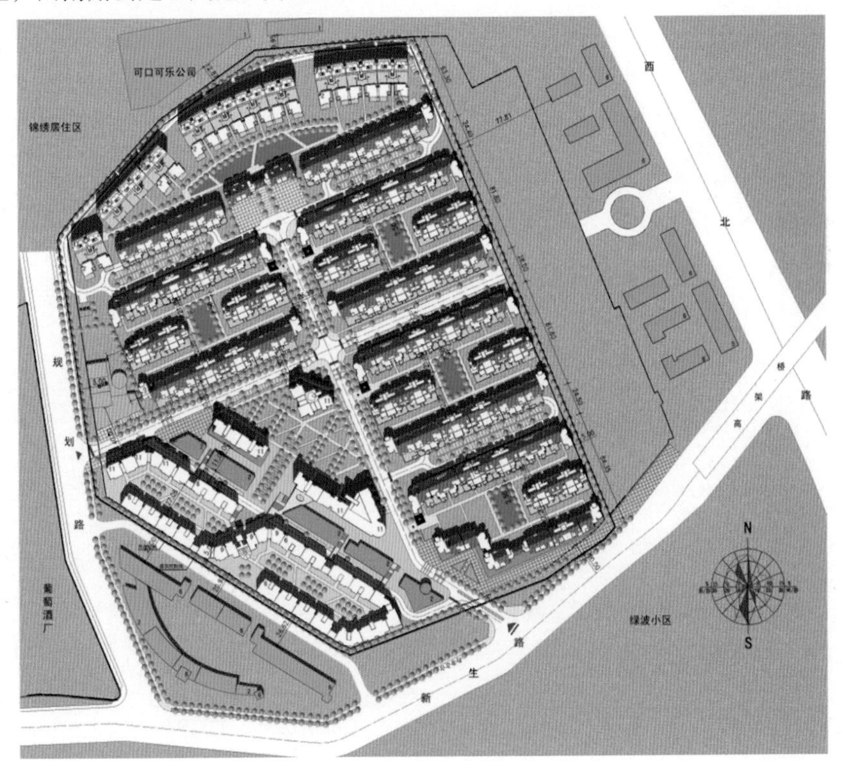

图 4.7 混合式平面图

4.2 居住区套型空间尺度

进行住宅套型空间的组合设计一般是从楼梯、电梯间的交通组织至入户开始，通过对主要空间的位置布局，对进深、面宽的综合调整来完成的。其设计不仅要做到分室合理、功能分区明确，还应照顾到各房间之间的“制约”关系，综合考虑内部空间布局、面宽及面积安排。此外还要兼顾诸如日照、朝向、通风、采光等环境条件及结构、采暖、空调、管井布置等技术条件，从而为居住者营造一个安全、舒适、美观并能够适应居住需求变化的住宅。

4.2.1 面　积

住宅面积标准与国家经济条件和人民生活水平相关联，同时也与住宅使用功能和空间组合、家庭人口数量、结构以及居住行为等因素密不可分。因此，确定套型空间面积要以住户的住房需求为根据，做到房间的面积和尺度适当，使住宅套型与现代生活方式相适应。根据《住宅设计规范》（GB 50096—2011）的要求，套型的使用面积规定为：（1）由卧室、起居室（厅）、厨房和卫生间等组成的套型，起使用面积不应小于 30 m^2；（2）由兼起居的卧室、厨房和卫生间等组成的最小套型，其使用面积不应小于 22 m^2。套型房间使用面积要满足表 4–2 中的要求。

表 4–2　套型房间使用面积规定

套型房间名称	卧　室			厨　房		起居室	卫生间（配置便器、洗浴器和洗面器）
	双人	单人	兼起居室	套型由卧室、起居室、厨房和卫生间等组成	套型由兼起居的卧室、厨房和卫生间等组成		
使用面积 /m^2	≥ 9	≥ 5	≥ 12	≥ 4	≥ 3.5	≥ 10	≥ 2.5

通过周燕珉课题组对全国近年来大量楼盘套型的调研和统计，提出了一套适宜中等居住水平的房间面积参考指标，表 4–3 为不同套型的面积范围值，表 4–4 和表 4–5 分别为套内使用面积在 40 ~ 90 m^2 和 90 ~ 150 m^2 的各功能房间的使用面积范围值（套内使用面积见图 4.8）。

表 4–3　不同套型的面积范围值

套型名称	一室一厅	两室一厅	两室两厅	三室两厅	四室两厅
建筑面积 / m^2	40 ~ 65	70 ~ 90	80 ~ 100	90 ~ 120	120 ~ 160

表 4–4　套内使用面积在 40 ~ 90 m^2 的功能面积范围值

房间名称	起居室	厨房	餐厅	公共卫生间	主卧	主卧卫生间	次卧	书房	服务阳台	生活阳台
房间使用面积 / m^2	16 ~ 24	4.5 ~ 8	6 ~ 9	2 ~ 2.5	12 ~ 16	3.5 ~ 5.5	8.5 ~ 11	10 ~ 13	2 ~ 3.5	4.5 ~ 6.5

表 4–5　套内使用面积在 90 ~ 150 m^2 的功能面积范围值

房间名称	门厅	起居室	厨房	餐厅	公共卫生间	主卧	主卧卫生间	次卧	书房	服务阳台	生活阳台
房间使用面积 / m^2	2 ~ 4	20 ~ 35	6 ~ 9	9 ~ 15	4 ~ 7	15 ~ 25	5 ~ 8	10 ~ 13	10 ~ 13	3 ~ 5	5 ~ 8

注：表 3–3、3–4、3–5 参考《住宅精细化设计》周燕珉等著。

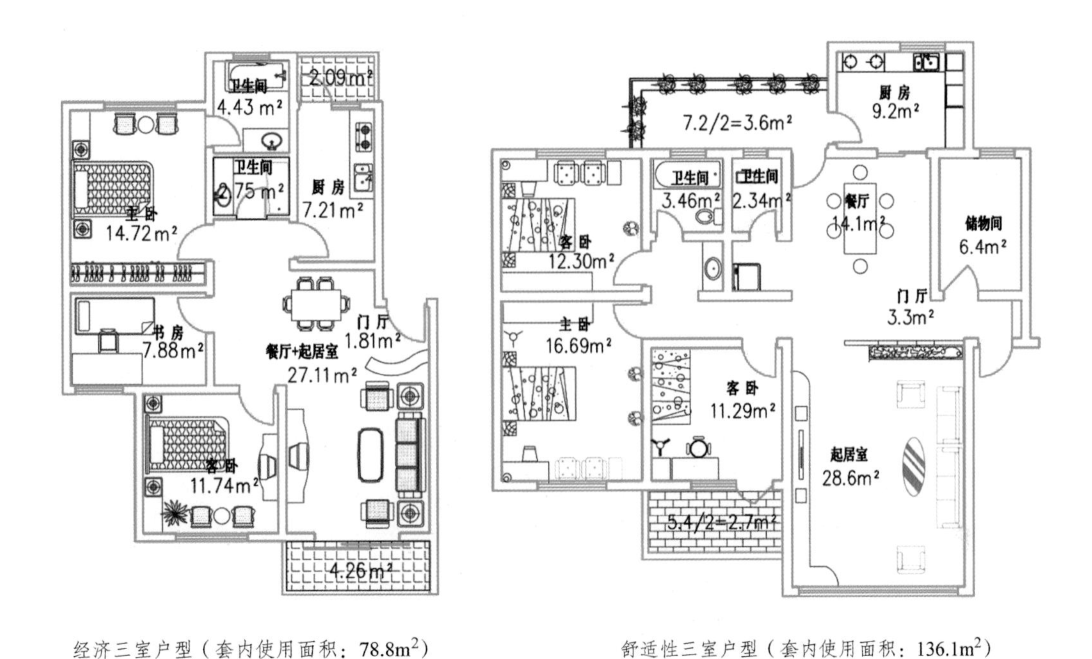

经济三室户型（套内使用面积：$78.8m^2$）　　舒适性三室户型（套内使用面积：$136.1m^2$）

图 4.8　以三室为例的套型房间面积分配实例

4.2.2 进深、面宽

住宅楼栋进深、面宽是住宅设计需要控制的重要指标。面宽是指主要采光面的宽度。进深是指与面宽在平面上相垂直的面的宽度（见图 4.9、4.10）。

图 4.9　套型面宽、进深位置示例

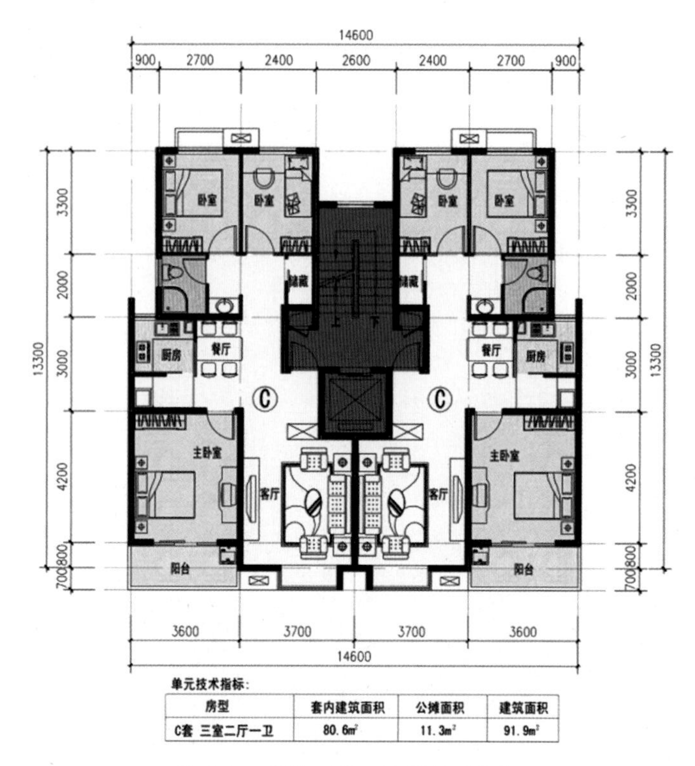

房型	套内建筑面积	公摊面积	建筑面积
C套 三室二厅一卫	80.6m²	11.3m²	91.9m²

图 4.10 套型面宽、进深尺寸示例

1. 进 深

1）受进深影响的因素

建筑密度 在居住面积一定的情况下，进深加大使面宽减少，建筑密度和户数相应增加，能提高土地利用率，有利于节地和提高经济效益。

能源消耗 加大进深可以减少外墙面的面积，体型系数（一栋建筑的外表面积与其所包的体积之比）相应减小，外围护结构与大气接触面减小，有利于保温。

采光通风 大进深的住宅套型在进深方向中部空间的采光通风条件较差，室内居住舒适度降低。

根据周燕珉教授的研究，楼栋总进深应适度掌握，一般以 11 ~ 13 m 为宜（不含阳台）。

2）改善大进深住宅环境的设计手法

大进深住宅套型的室内居住环境相对较差，常采用外墙开凹槽和设置内天井的设计手法加以改善。

外墙开凹槽 在套型面宽不足时，通过增加外墙面长度而达到开窗要求，争取良好居住环境所需的光线和气流。但这种方法使外墙系数增大，不利节能，且采光的质量一般，因此主要用于南方。

设计时要避免凹凸过多或是过于复杂，同时要保证房间的采光口有一定的宽度——处于中部的起居室采光口宽度应不小于 1.5 m，双人卧室的采光口宜不小于 1.2 m，单人卧室、厨房及餐厅的采光口宽度不宜小于 0.9 m，并且凹进的槽深一般不要超过槽宽的两倍。

设置内天井 内天井的设置不仅可以有效解决中部暗房间（如卫生间、餐厅）的采光通风问题，还有利于增加楼栋进深，节约土地资源。但进行内天井设计时，要预先考虑到以下问题：

（1）当内天井面积过小时，会光线昏暗，通风不良，对防火不利；

（2）面向内天井开窗容易造成视线、气味、噪声的交叉干扰，影响私密性；

（3）注意天井底部的排水；

（4）适合高层，但天井深度不宜过高。

2. 面 宽

1）受面宽影响的因素

舒适程度 套型面宽直接影响到居住的舒适度，通常每套住宅的面宽越大，采光通风条件就更加优越；但过大开间会导致家具摆放较远，缺乏温馨感，甚至影响使用。

土地资源 住宅面宽的大小，对住宅小区的规划布局、节能节地方面有着重要影响。缩小面宽，加大进深可以有效地增加户数和容积率，提高土地利用率。因此，在土地资源匮乏、建筑用地日益紧张的今天，住宅套型设计应注意在保证舒适度的同时对面宽有所控制。

2）住宅各房间的面宽分配

综合考虑到人体工程学、各房间家具的尺寸与摆放方式、居住者的空间感受以及经济性等因素的基础上，周燕珉教授的团队整理出了一套各功能房间面宽的常用尺寸（见表4-6）。

表 4-6 套内各功能房间面宽范围值

房间名称	门厅	起居室	厨房	餐厅	公共卫生间	主卧	主卧卫生间	次卧	书房
房间面宽 /m	1.2 ~ 2.4	3.6 ~ 4.5	1.8 ~ 3.0	2.6 ~ 3.6	1.6 ~ 2.4	3.3 ~ 4.2	1.8 ~ 2.4	2.7 ~ 3.6	2.6 ~ 3.6

注：参考《住宅精细化设计》周燕珉等著。

3. 层高和室内净高

层高的确定与住宅建造的造价以及能源消耗关系密切，我国的《住宅设计规范》GB 50096—2011 规定，普通住宅层高宜为 2.80 m。但考虑到后期加设地面铺装和顶棚吊顶，以及某些地区对通风、日照等条件的特别重视，目前在实际住宅开发建造中常将层高定为 2.90 ~ 3.00 m。

卧室、起居室（厅）的室内净高不应低于 2.40 m，局部净高不应低于 2.10 m，且不应低于 2.1 m 的局部室内面积不应大于室内使用面积的 1/3。厨房、卫生间的室内净高不应低于 2.20 m，厨房、卫生间内排水横管下表面与楼面、地面净距不应低于 1.90 m，且不得影响门、窗扇开启。

4.3 居住区住宅公共交通空间设计

4.3.1 板式中高层公共交通空间设计

1. 基本尺寸

中高层的交通空间由楼梯间、电梯间、设备管井、走道、入户门、入口门厅、采光窗、垃圾间等组成。根据功能及住宅法规的要求，对一些基本构件的尺寸存在一些共性和最小限定。

楼梯间

住宅规范规定：住宅楼梯梯段最小净宽应为 1.10 m，踏步宽度不小于 0.26 m，高度不大于 0.175 m。在实际应用中，大量住宅层高取 2.80 ~ 3.00 m，楼梯间开间根据结构墙厚、搬运家具、消防疏散等要求多数取 2.50 ~ 2.70 m，楼梯部分进深取 4.80 m 以上（上述均为轴线尺寸）。表 4–7 总结了在不同层高下，取规范最小值时楼梯间必要的踏步数及对应的必要进深。

表 4–7 住宅层高与踏步数的关系 mm

层高	楼梯段	楼梯平台净宽	踏步宽	踏步高	步数
2 800	1 100	1 200	260	175	16 步
2 900	1 100	1 200	260	170.6	17 步
3 000	1 100	1 200	260	166.7	18 步

电梯间

中高层电梯根据层数和人数的关系载重一般取 800 ~ 1 000 kg，常规标准尺寸的井道净尺寸为：载重 800 kg，不小于净宽 1 900 mm× 净深 2 000 mm；载重 1 000 kg，不小于净宽 2 150 mm× 净深 2 000 mm，井道结构轴线尺寸可取 2 400 mm×2 300 mm。

另外电梯的候梯厅深度是电梯空间设计的关键，《住宅设计规范》规定“候梯厅深度不小于多台电梯中最大轿厢的深度，且不小于 1.50 m”。这是考虑到残疾人轮椅回旋的最小半径、等候电梯及开门入户等行为互不干扰的最小尺寸，一般候梯厅深度不少于 1.80 ~ 2.00 mm 为佳（参见图 4.11）。

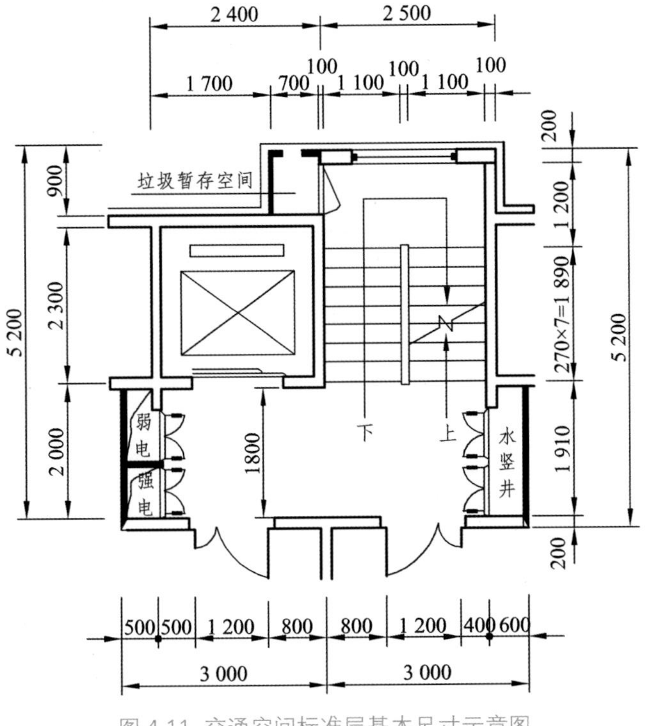

图 4.11 交通空间标准层基本尺寸示意图

公共管道井

中高层楼梯间的管道井包括水、暖、强弱电井等。一般水、暖二井可以合并，强、弱电井中间要有分隔。

2. 中高层交通空间设计的类型

将板式中高层的交通空间的主要类型罗列到下表，并给出各类型的综合评价。以便找出在不同的条件下，最合理的交通空间设计（见表4–8）。

表4–8　板式中高层的交通空间的主要类型

主要类型	典型图例	实　例	综合评价
左右式	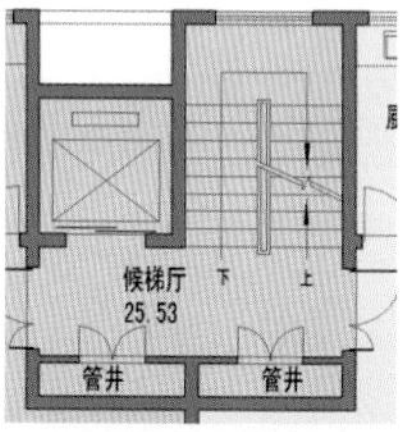		·适用于舒适型住宅 ·面积较大、面宽大 ·功能布局清晰 ·采光、通风较好
对面式	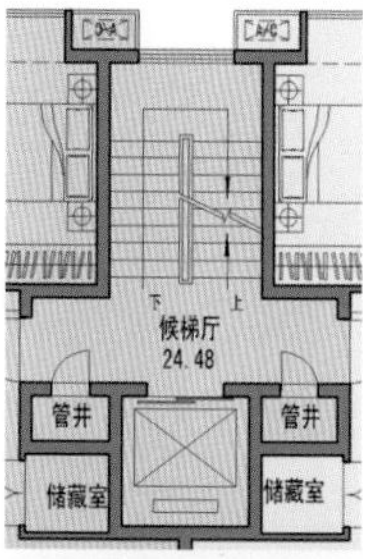	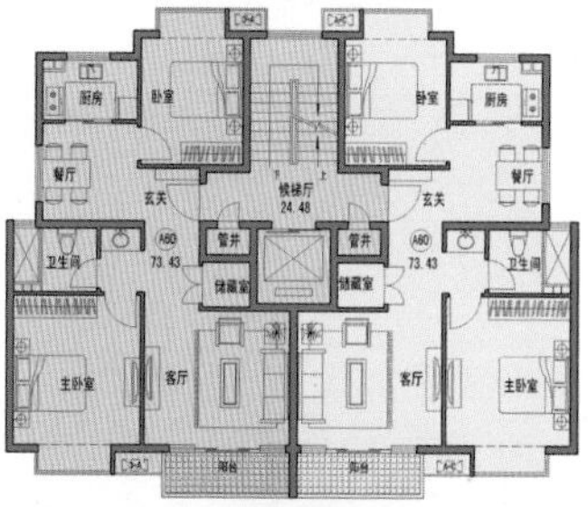	·板式住宅中最为常用的形式，适用于经济型住宅 ·共用面积、面宽小 ·功能布局紧凑，有一定干扰 ·采光、通风好
上下式	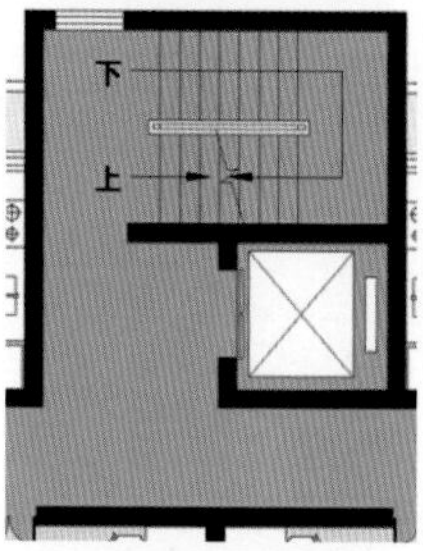	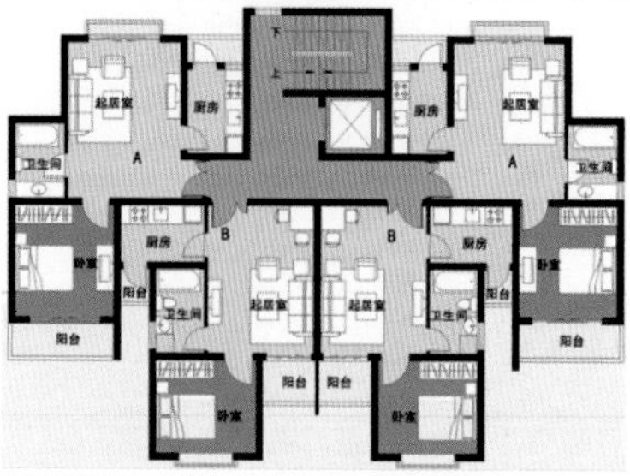	·适用于舒适性住宅 ·面积大、面宽大 ·功能布局清晰 ·采光、通风较好
垂直式	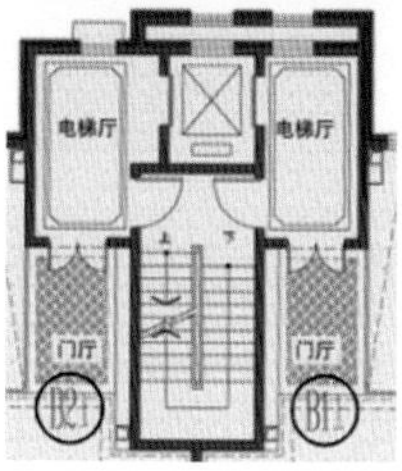		·适用于高档住宅 ·面积较大、面宽较节约 ·功能布局清晰，干扰小 ·采光、通风较好，舒适度较高

4.3.2 18层以上塔式高层住宅公共交通空间设计

1. 我国规范对不同高度的住宅的要求

疏散楼梯

“12层至18层的单元式住宅应设封闭楼梯间。”（见《高规》6.2.3.2）

“18层及18层以下，每层不超过8户、建筑面积不超过650 m^2，且设有一座防烟楼梯间和消防电梯的塔式住宅”，每防火分区可设一个安全出口。（见《高规》6.1.1.1）

“19层及19层以上的单元式住宅应设防烟楼梯间。”（见《高规》6.2.3.3）

消防电梯

“塔式住宅、12层及12层以上的单元式住宅和通廊式住宅，应设消防电梯。”（见《高规》6.3.1）

“12层及以上的高层住宅，每栋楼设置电梯不应少于两台，其中应配置一台可容纳担架的电梯。”（见《住规》6.4.2）

我们将一般情况下的这种变化关系归纳见图4.12（不含特例）。

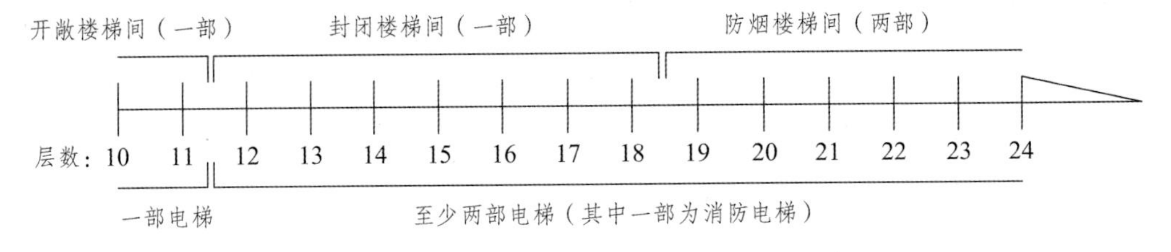

图4.12 消防规范对层数和楼梯、电梯的要求

2. 我国规范对公共交通空间各构成元素的基本要求

疏散楼梯

《住规》规定：

“普通住宅层高宜为2.80 m。”（见《住规》5.5.1）

“楼梯梯段净宽不应小于1.10 m；楼梯踏步宽度不应小于0.26 m。踏步高度不应大于0.175 m；楼梯平台净宽不应小于楼梯梯段净宽，并不得小于1.20 m。”（见《住规》4.1.2 ~ 4.1.4）

《高规》规定：

“塔式高层建筑，两座疏散楼梯宜独立设置，当确有困难时，可设置剪刀楼梯，并应符合下列规定：剪刀楼梯间应为防烟楼梯间：剪刀楼梯的梯段之间，应设置耐火极限不低于1.00 h的不燃烧体墙分隔；剪刀楼梯应分别设置前室。塔式住宅确有困难时可设置一个前室，但两座楼梯应分别设加压送风系统。”（见《高规》6.1.2）

在实际设计中，为节省公共建筑面积，通常将高层住宅的两部疏散楼梯设计为剪刀楼梯（见图4.13）。

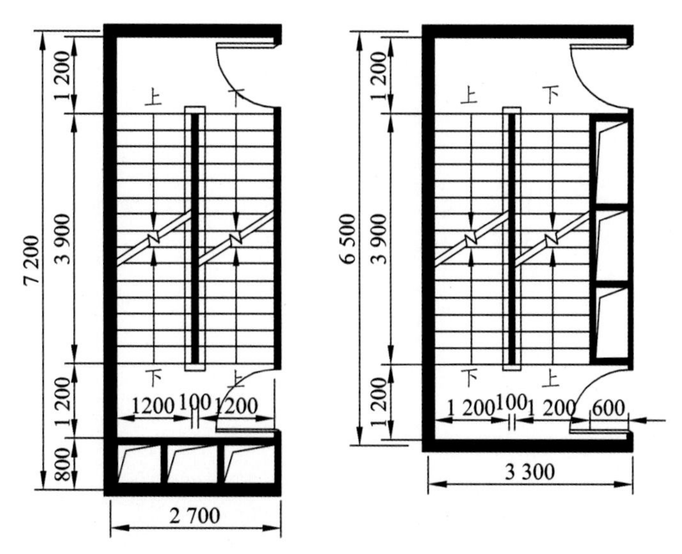

图 4.13 塔式高层楼梯间示例

电梯井

《高规》规定："消防电梯间应设前室，其面积：居住建筑不应小于 4.50 m²。当与防烟楼梯间合用前室时，其面积：居住建筑不应小于 6.00 m²。"

"消防电梯井、机房与相邻其它电梯井、机房之间，应采用耐火极限不低于 2.00 h 的隔墙隔开。"（见《高规》6.3.3.6）

在工程设计中，各厂家提供的电梯井道尺寸不尽相同。一般塔式高层住宅中要求使用载重量 1 t 以上的电梯，该类电梯井道尺寸多在 2 400 mm × 2 400 mm 左右（井道净尺寸不小于宽 2 150 mm × 深 2 000 mm），可容纳担架的电梯井道尺寸多在 2 400 mm × 3 000 mm 左右。

候梯厅

《住规》规定："候梯厅深度不应小于多台电梯中最大轿厢的深度，且不得小于 1.50 m。"（见《住规》4.1.9）

实际设计中因考虑到候梯厅通常兼作公共走道，在这里会发生交通流线的交叉再加之搬运家具货物的要求，所以通常将候梯厅深度设计为 2.00 m 左右。

公用走道

《住规》规定："走廊通道的净宽不应小于 1.20 m。"（见《住规》4.2.2）

另外，《高规》还规定："高层居住建筑的户门不应直接开向前室，当确有困难时，部分开向前室的户门均应为乙级防火门。"（见《高规》6.1.3）所以在实际设计中，应避免所有户门直接开向消防前室。

设备管道

《住规》规定："公共功能的管道，包括采暖供回水总立管、给水总立管、雨水立管、消防立管和电气立管等，不宜布置在住宅套内。公共功能管道的阀门和需经常操作的部件，应设在公用部位。"（见《住规》6.6.4）

采暖、给排水：通常将水暖管道设于同一井道内，井道最小进深 600 mm，面宽需

1 500 mm 左右，也将其设计成为进入式的管道间。

电气：强电、弱电一般各需要面宽 1 500 mm、进深 500 mm 的管井，以便于检修。但实际工程中远大于这个尺寸，为将来增加设备留有余地。

3. 塔式高层住宅公共交通空间设计实例

结合一些设计实例，对一梯四户公共交通空间对比（见表 4-9）。

表 4-9 每单元四户塔式住宅公共交通空间形式

主要类型	典型图例	实　例
电梯楼梯同边		
电梯楼梯相对		

4.4 居住区公共服务设施设计

4.4.1 公建配套设施的项目与规模

为满足城市居民日常生活、购物、教育、文化、社交等需要，居住区必须设置相应得的公共服务设施。居住区公共服务设施主要为本居住区居民服务，也兼顾服务于其他居住区。按照使用性质，居住区公共服务设施可分为八类，如图 4.14 所示。

居住区公共服务设施的配建，主要反映在配建的项目和面积指标两个方面。公建项目及其面积确定的主要依据是：居民在物质与文化生活方面的多层次需要，公建项目服务的人口规模，以及公共服务设施项目自身经营管理的要求。因此配建的项目和面积与其服务的人口规模相对应时，才有可能方便居民使用和发挥各项目最大经济效益和社会效益。

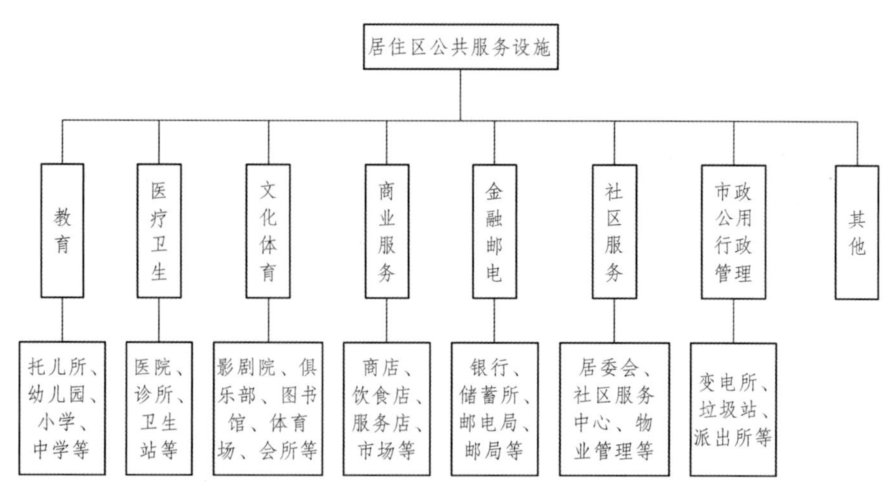

图 4.14　公共服务设施按性质分类

1. 居住区公共服务设施定额指标的计算

居住区配套公建的项目及配建指标，应以表 4-10 规定的千人总指标和分类指标控制。通过总指标，可根据居住区、小区、组团等不同人口规模估算出需配建的公共服务设施总面积和总用地。

表 4-10　居住区配套公共服务设施控制指标　　m²/ 千人

类　别		居住区		小　区		组　团	
		建筑面积	用地面积	建筑面积	用地面积	建筑面积	用地面积
总指标		1 668 ~ 3 293（2 228 ~ 4 213）	2 172 ~ 5 559（2 762 ~ 6 329）	968 ~ 2 397（1 338 ~ 2 977）	1 091 ~ 3 835（1 491 ~ 4 585）	362 ~ 856（703 ~ 1 356）	488 ~ 1 058（868 ~ 1 578）
其中	教　育	600 ~ 1 200	1 000 ~ 2 400	330 ~ 1 200	700 ~ 2 400	160 ~ 400	300 ~ 500
	医疗卫生（含医院）	78 ~ 198（178 ~ 398）	138 ~ 378（298 ~ 548）	38 ~ 98	78 ~ 228	6 ~ 20	12 ~ 40
	文　体	125 ~ 245	225 ~ 645	45 ~ 75	65 ~ 105	18 ~ 24	40 ~ 60
	商业服务	700 ~ 910	600 ~ 940	450 ~ 570	100 ~ 600	150 ~ 370	100 ~ 400
	社区服务	59 ~ 464	76 ~ 668	59 ~ 292	76 ~ 328	19 ~ 32	16 ~ 28
	金融邮电（含银行、邮电局）	20 ~ 30（60 ~ 80）	25 ~ 50	16 ~ 22	22 ~ 34	—	—
	市政公用（含居民存车处）	40 ~ 150（460 ~ 820）	70 ~ 360（500 ~ 960）	30 ~ 140（400 ~ 720）	50 ~ 140（450 ~ 760）	9 ~ 10（350 ~ 510）	20 ~ 30（400 ~ 550）
	行政管理及其他	46 ~ 96	37 ~ 72	—	—	—	—

注：① 居住区级指标含小区和组团级指标，小区级含组团级指标。
② 公共服务设施总用地的控制指标应符合本表规定。
③ 总指标未含其他类，使用时应根据规划设计要求确定本类面积指标。
④ 小区医疗卫生类未含诊所。
⑤ 市政公用类未含锅炉房，在采暖地区应自选确定。

说明：千人指标是指居住区内每千居民拥有的各项公共服务设施的建筑面积和用地面积标准，居住区配套公共服务设施（配建指标）以千人总指标和分类指标控制。

2. 公共服务设施配建项目

以人口规模的级别，对应配建配套的公共设施项目，见“公共服务设施项目分级配建表”（表4–11）。高一级配建项目含低一级项目，如居住区级配建文化体育类的项目，应包括文化活动中心、文化活动站，并宜配建居民运动场；居住小区级配建文化体育类的项目，

表4–11 公共服务设施分级配建表

类别	项目	居住区	小区	组团	类别	项目	居住区	小区	组团
教育	托儿所	—	▲	△	社区服务	社区服务中心（含老年人服务中心）	—	▲	—
	幼儿园	—	▲	—		养老院	△	—	—
	小学	—	▲	—		托老所	—	△	—
	中学	▲	—	—		残疾人托养中心	△	—	—
医疗卫生	医院（200～300床）	▲	—	—		治安联防站	—	—	▲
	诊所等	▲	—	—		居（里）委会（社区用房）	—	—	▲
	卫生站	—	▲	—		物业管理	—	▲	—
	护理院	△	—	—	市政公用	供热站或热交换站	△	△	△
文化体育	文化活动中心（含青少年、老年活动中心）	▲	—	—		变电室	—	▲	△
	文化活动站（含青少年、老年活动站）	—	▲	—		开闭所	▲	—	—
	居民运动场、馆	△	—	—		路灯配电室	—	▲	—
	居民健身设施（含老年户外活动场地）	—	▲	△		燃气调压站	△	△	—
商业服务	综合食品店	▲	▲	—		高压水泵房	—	—	△
	综合百货店	▲	▲	—		公共厕所	▲	▲	△
	餐饮	▲	▲	—		垃圾转运站	△	△	—
	中西药店	▲	△	—		垃圾收集点	—	—	▲
	书店	▲	△	—		居民存车处	—	—	▲
	市场	▲	△	—		居民停车场、库	△	△	△
	便民店	—	—	▲		公交始末站	△	△	—
	其他第三产业设施	▲	▲	—		消防站	△	—	—
金融邮电	银行	△	—	—		燃料供应站	△	△	—
	储蓄所	—	▲		行政管理及其他	街道办事处	▲	—	—
	电信支局	△	—	—		市政管理机构（所）	▲	—	—
	邮政所	—	▲	—		派出所	▲	—	—
						其他管理用房	▲	△	—
						防空地下室	△②	△②	△②

注：① 为应配建项目；△为宜设置的项目。
② 在国家确定的一、二类人防重点城市，应按人防有关规定配建防空地下室。

应设文化活动站；居住组团或基层居住单位则可以酌情配建文化活动站等。以此类推，各类公建项目均应成套配建，不配或少配则会给居民带来不便。当人口规模界于两级别之间时，应酌情选配高一级的若干项目。根据实践经验，当居住人口规模大于组团小于小区时，一般增配小区级项目，使其从满足居民基层生活需要经增配后能满足基本需要；当居住人口规模大于小区而小于居住区时，一般增配居住区级项目，使其从满足居民基本生活需要经增配后能较完善地满足日常生活需要；当居住人口规模大于居住区时，可高一级设施，以满足居民多方面日益增长的基本增配医院、银行分理处、邮电支局、食品加工等需要。

此外，居住区公共服务设施项目，根据现状条件及基地周围现有设施情况，可对配建项目和面积做适当增减。如处在郊区、流动人口多的地方可增加百货、食品、服装等项目或增大同类设施面积；若地处商业中心地带则可减少同类项目和面积等。

随着市场经济与文化水平的提高，促使公共服务事业的发展，会新增或淘汰一些项目，因此需为发展留有余地。

3. 规划布局

项目的使用性质和居住规划形式，应采用相对集中与适当分散的方式合理布局。应利于发挥设施效益，方便经营管理、使用和减少干扰。

某居住区公共服务设施服务半径示意如图 4.15 所示。

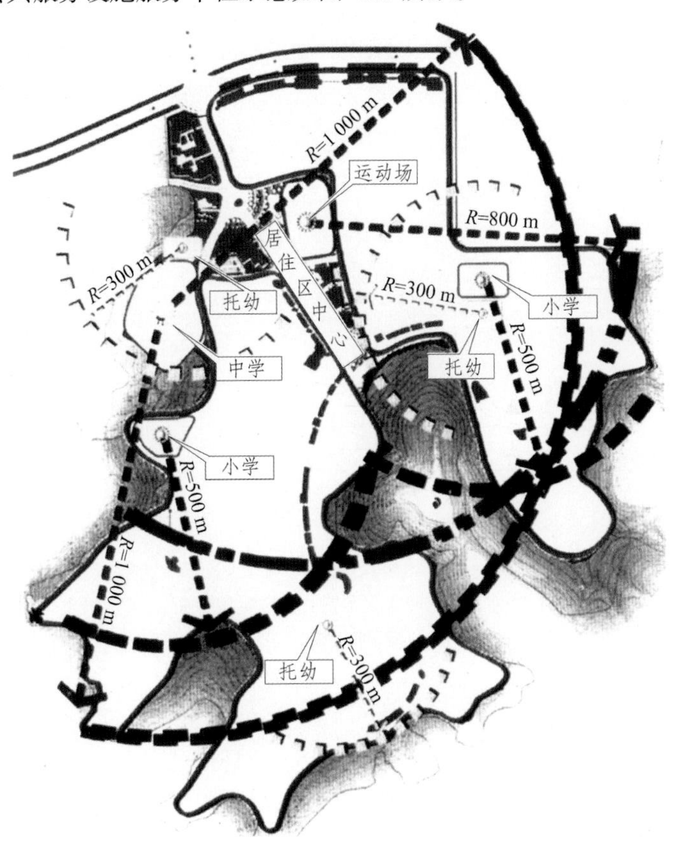

图 4.15 某居住区公共服务设施服务半径示意

4.4.2 公共服务设施规划布置

公建设施的集中布置形式可分为沿街布置、成片布置及沿街成片混合布置等多种形式（见表 4–12）。

表 4–12 公建设施的集中布置形式

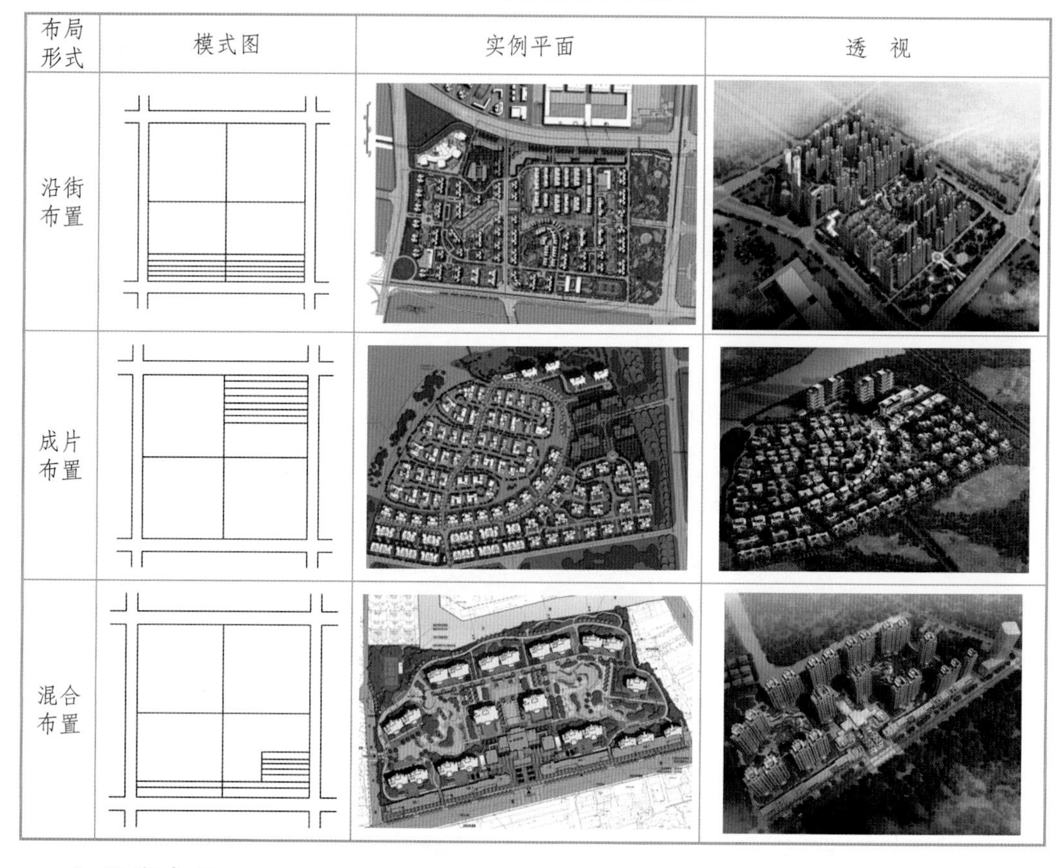

布局形式	模式图	实例平面	透 视
沿街布置			
成片布置			
混合布置			

1. 沿街布置

这是一种历史最悠久、最普遍的布置形式。当今交通快速、拥挤、污染严重的情况，为创造祥和的街道空间和购物环境，需要精心规划设计，运用各种手法。如：空间的层次划分、限定；功能的分离、组织；景观的设计、塑造；设备的运用、安置等。街道空间的限定元素主要是各类公共建筑，它们可为商住楼也可单独设置，建筑与街道空间结合的方式灵活多样。

沿街布置形式还可分为双侧布置、单侧布置、混合式布置以及步行街等。

2. 成片布置

这是一种在干道临接的地块内，以建筑组合体或群体联合布置公共设施的一种形式。它易于形成独立的步行区，方便使用，便于管理，但交通流线比步行街复杂。根据其不同的周边条件，可有几种基本的交通组织形式。成片布置形式可有院落型、广场型、混合型等多种形式。其空间组织主要由建筑围合空间，辅以绿化、铺地、小品等。

3. 混合布置

这是一种沿街和成片布置相结合的形式，可综合体现两者的特点。也应根据各类建筑的功能要求和行业特点相对成组结合，同时沿街分块布置，在建筑群体艺术处理上既要考虑街景要求，又要注意片块内部空间的组合，更要合理地组织人流和货流。

以上沿街、成片和混合布置三种基本方式各有特点，沿街布置对改变城市面貌效果较显著，若采用商住楼的建筑形式比较节约用地，但在经营管理方面不如成片集中布置方式有利。在独立地段，成片集中布置的形式有可能充分满足各类公共建筑布置的功能要求，并易于组成完整的步行区，利于经营管理。沿街和成片相结合的混合布置方式则可吸取两种方式的优点。在具体进行规划设计时，要根据当地居民生活习惯、建设规模、用地情况以及现状条件综合考虑，酌情选用。

4.5 居住区建筑设计实例

本案例项目位于西安市，项目占地 14.123 9 ha，总建筑面积 597 108.55 m^2。项目计划建设高层住宅 16 栋，商业楼 4 栋，幼儿园 1 栋，地下停车库 3 个。项目建成后可容纳住户约 4 000 户。如图 4.16 ~ 4.19 所示。

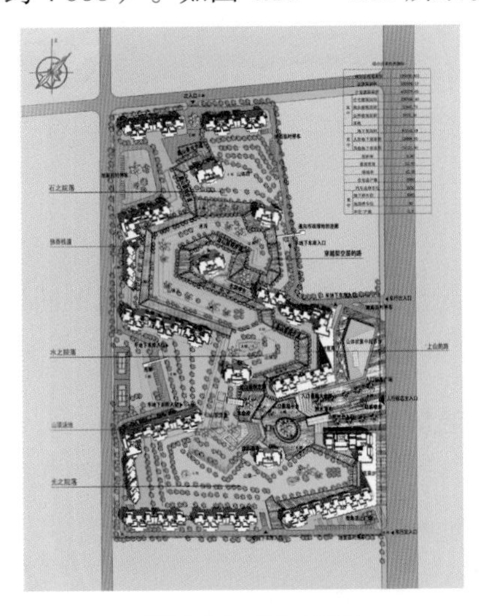

图 4.16　总平面图

图 4.17　鸟瞰图

1. 容量与密度分析

根据综合评估结果，依据 3.5 的容积率需求，宜选择大高层为主的住宅分布。住宅单层标准户数少时，有利于布局。

项目住宅标准层采用 4 户的高层平面为大部分主体，部分景观好的区位设一梯三户的高档次户型，补充部分小户型平面及复式跃层特色户型，形成合适的密度。

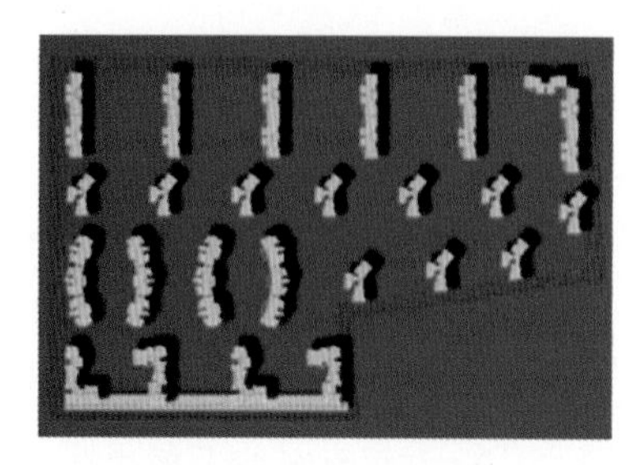

图 4.18 建筑排布方案 1

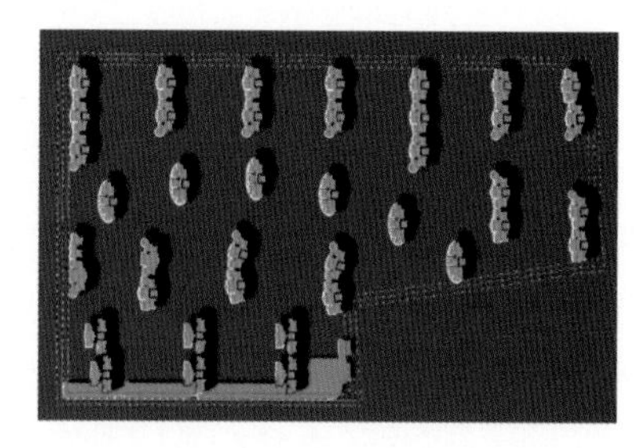

图 4.19 建筑排布方案 2

2. 空间结构及朝向分析

结合本项目的容量、建筑密度及地形特点，本项目采用了板点结合、点线穿插的综合式布局，产生局部围合的空间。在充分尊重朝向的基础上，利用可接受范围内的 ±15 度偏转角度，以塑造变化与趣味。如图 4.20、4.21 所示。

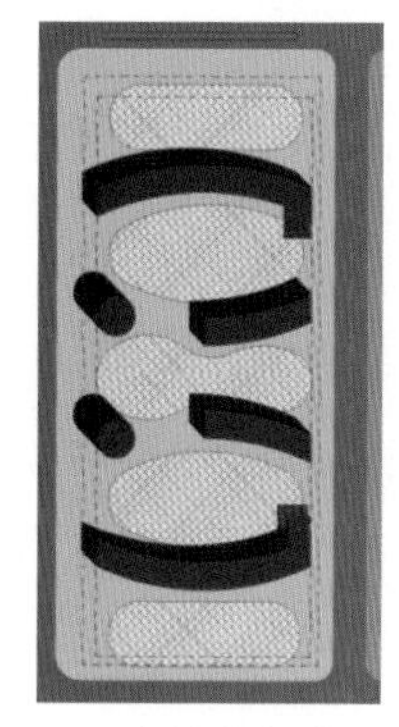

图 4.20 建筑空间布局

传统行列布局
朝向好、单调、有对视。

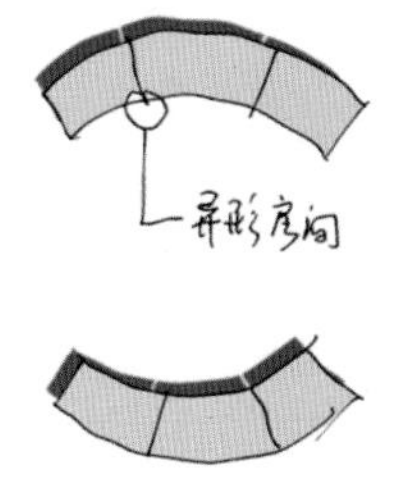

弧形布局
8度抗震区结构复杂，弧形拼接容易出现异形空间。

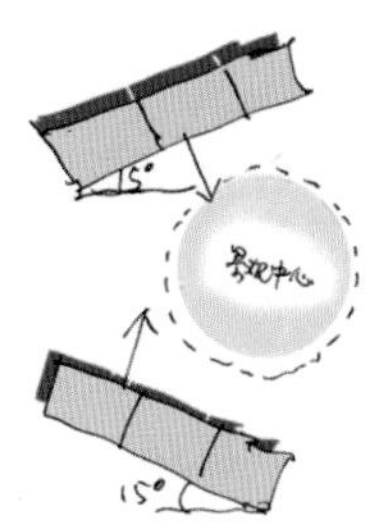

15度的偏转
在可接受范围内，没对视、景观视线好。

图 4.21 建筑朝向布局对比

3. 建筑规划排布

商 业

商业是聚集人气的地方，本项目与人行主入口相互促进，主要沿街布置，商铺平面上曲折有致、自然形成、收放自如的构图，提高休闲性，吸引商业人流。如图 4.22、4.23 所示。

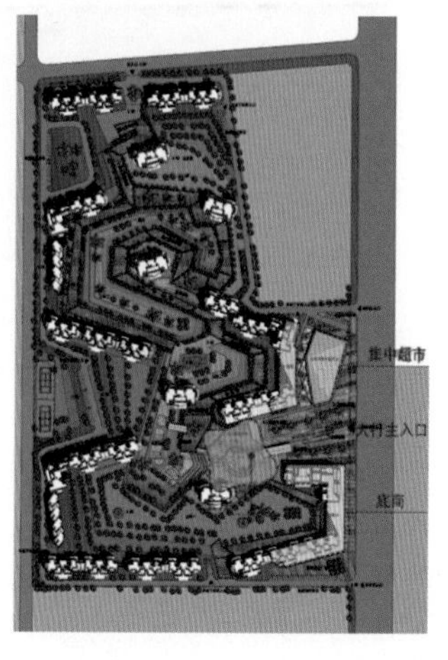

图 4.22 商业及主入口功能示意图

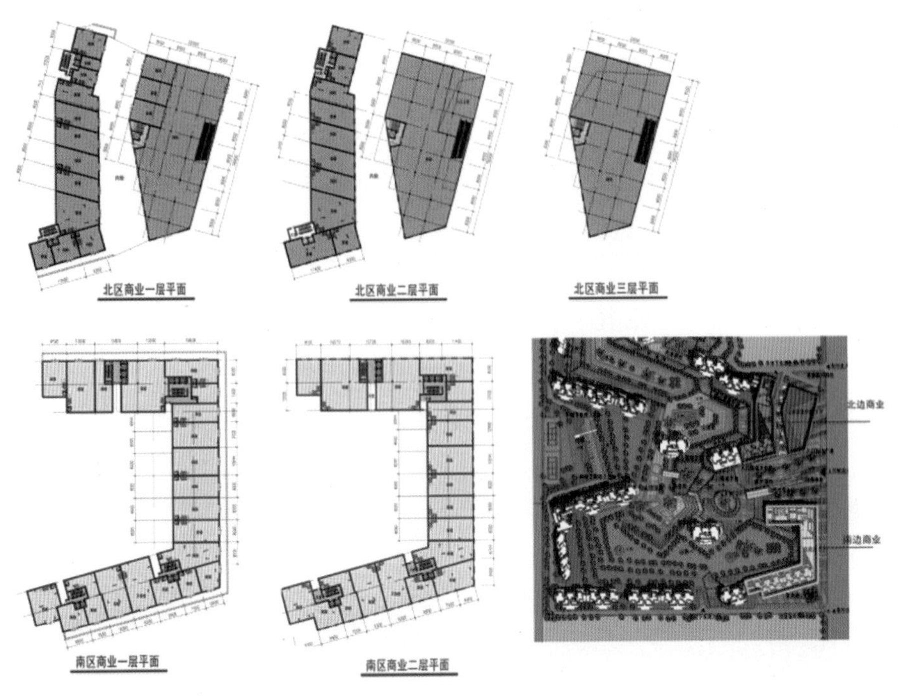

图 4.23　商业平面图

住　宅

在户型分布上，力求景观价值与户型档次和谐。在规划排布上景观价值与户型大小形成一致，做到户户有景观、窗窗见花园，同时满足优质景观服务于优质业主的逻辑。如图 4.24 ~ 4.26 所示。

图 4.24　户型分布图

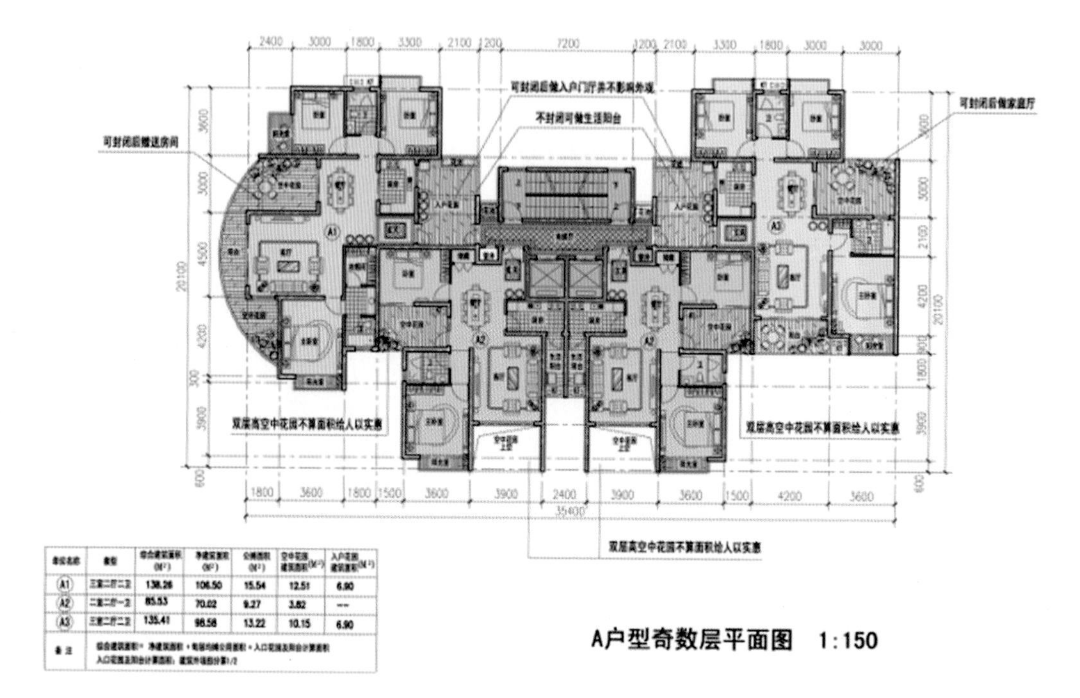

图 4.25 户型平面图 1

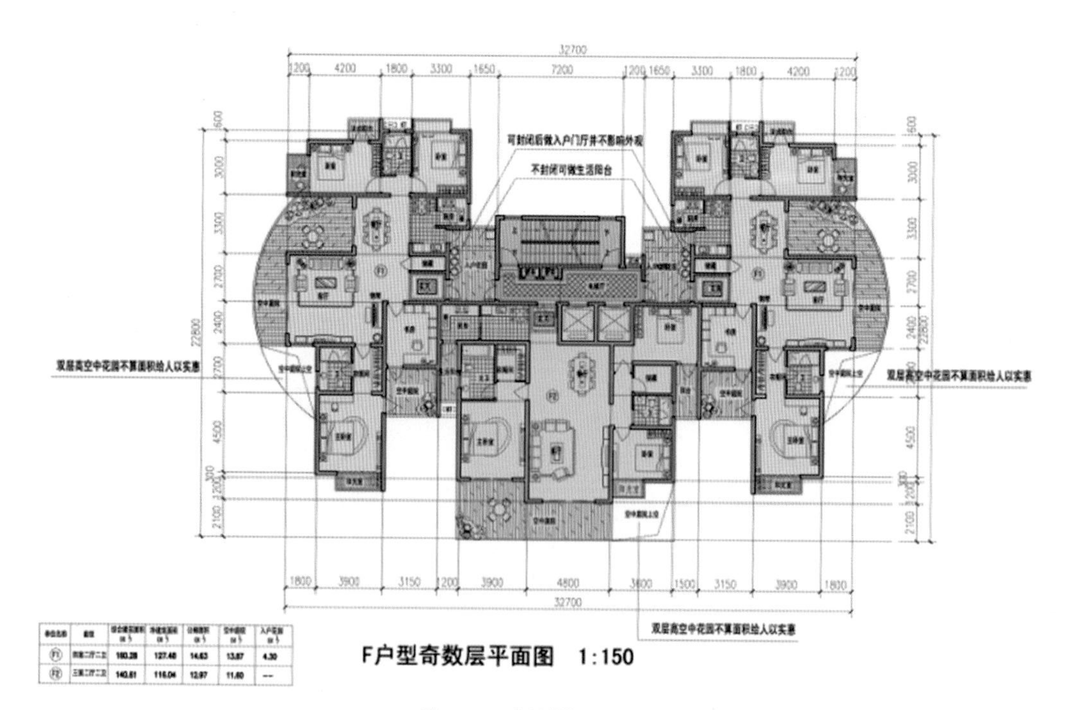

图 4.26 户型平面图 2

任务五　居住区景观设计

5.1 居住区景观设计基本概念

5.1.1 居住区景观组成及组成要素

1. 居住区景观组成

居住景观的组成包括物质要素和精神要素两方面，物质要素是基础，满足几百年使用所需，同时通过风格、形式、意境等的创造，满足居民对于文化、地域特色、艺术审美等精神需求。如图 5.1 所示。

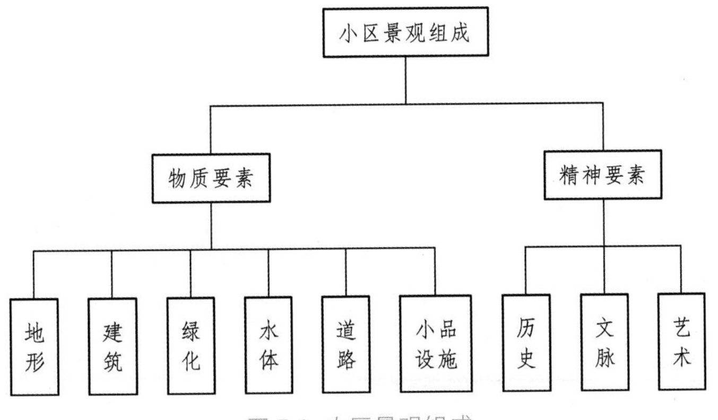

图 5.1　小区景观组成

2. 居住区景观组成要素

按照景观要素进行分类，小区景观主要包含软质景观与硬质景观两大类。软质景观主要指绿化与水体；硬质景观则泛指由质地较硬的材料组成的景观，包括地面铺装、坡道、台阶、挡墙、栅栏、建筑小品、便民设施、雕塑小品等。

1）绿化种植景观

居住区绿地是城市园林绿地系统中的重要组成部分，是改善城市生态环境的重要因素，也是城市居民使用最多的户外活动空间。居住区绿化主要具有功能性作用和美学作用，前者体现在绿化本身的遮阳、防尘、防风、隔声、降温等方面，后者则是可利用园林美学原则，将植物的种类、形态、色彩等加以组合，起到美化环境的作用，通过两种功能的结合，营造良好健康的社区氛围。如图 5.2、5.3 所示。

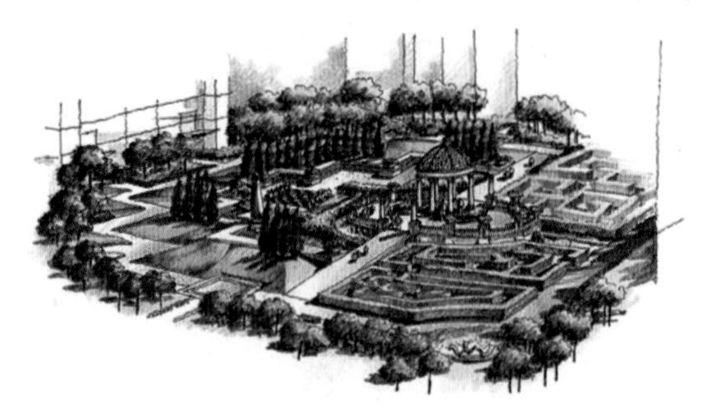

图 5.2 居住区绿化效果图

图 5.3 居住区绿化实景图

2）水　景

水是人们生活中不可缺少的元素，是自然界最生动的景观之一，为了丰富小区环境景观的内涵，满足人们临水而居的心理，小区景观设计中常常依据原有的地貌修湖建岛或垒壁引泉，营造湖光山色、碧波荡漾的开阔水景，或在有限的空间中构建喷泉、瀑布，情趣各异。好的水景不仅可以增加景观空间的趣味性和连贯性，还可起到调节小气候、净化空气、灌溉、养鱼、消防等作用。居住区水景设计常分为自然水景、泳池水景、庭院水景和装饰水景。见表 5-1。

（1）自然水景 主要构成元素包括：水体、山丘、植物、动物、天光等，这些元素相互联系、互为补充。如图 5.4、5.5 所示。

图 5.4 自然水景效果图 1

图 5.5 自然水景效果图 2

表 5-1 水体景观构成及内容

景观元素	内 容
水体	水体流向，水体色彩，水体倒影，溪流，水源
沿水驳岸	沿水道路，沿岸建筑（码头、古建筑等），沙滩，雕石
水上跨越结构	桥梁，栈桥，索道
水边山体树木（远景）	山岳，丘陵，峭壁，林木
水生动植物（近景）	水面浮生植物，水下植物，鱼鸟类
水面天光映衬	光线折射、漫射，水雾，云彩

（2）驳岸　亲水景观中应重点处理的部位。驳岸大小根据具体情况而定，较为大型的水面驳岸一般简洁、开阔，较小驳岸则要求布置精细，与各种水生及岸边植物花草、石块等相结合，形成精巧雅致的景观。

驳岸类型可以分为：普通驳岸、缓坡驳岸、阶梯驳岸等。如图 5.6、5.7 所示。

图 5.6 缓坡驳岸效果图

图 5.7 普通驳岸效果图

在居住区中，驳岸的形式可以分为规则式和不规则式。不论哪种形式，驳岸都需要满足人们的亲水性需求，驳岸的处理应尽可能贴近水面，以人手能触摸到水为佳。无护栏的水体在近岸 20 m 范围内，水深不应大于 0.5 m。

（3）泳池水景　以静为主，营造一个让居住者在心理和体能上的放松环境，同时突出人的参与性特征。居住区内设置的露天泳池不仅是锻炼身体和游乐的场所，也是邻里之间的重要交往场所。泳池的造型和水面也极具观赏价值。如图 5.8、5.9 所示。

图 5.8 游泳池景观效果图 1

图 5.9 游泳池景观效果图 2

（4）装饰水景　不附带其他功能，起到赏心悦目，烘托环境的作用，这种水景往往构成环境景观的中心。装饰水景是通过人工对水流的控制达到艺术效果，并借助音乐和灯光的变化产生听觉和视觉上的冲击，进一步展示水体的活力和动态美，满足人的亲水要求。

（5）喷泉　依靠机械设备将压力水的射流结合喷嘴形态，采用不同的手法对喷射高度、时间等进行不同的组合，从而营造出无拘无束、丰富多彩的水体景观。在居住区设计中，设计师利用其立体的动感景观，配合相应的灯光和声音，展现极具活力和标志性的景观空间。如图 5.10 ~ 5.13 所示，见表 5-2。

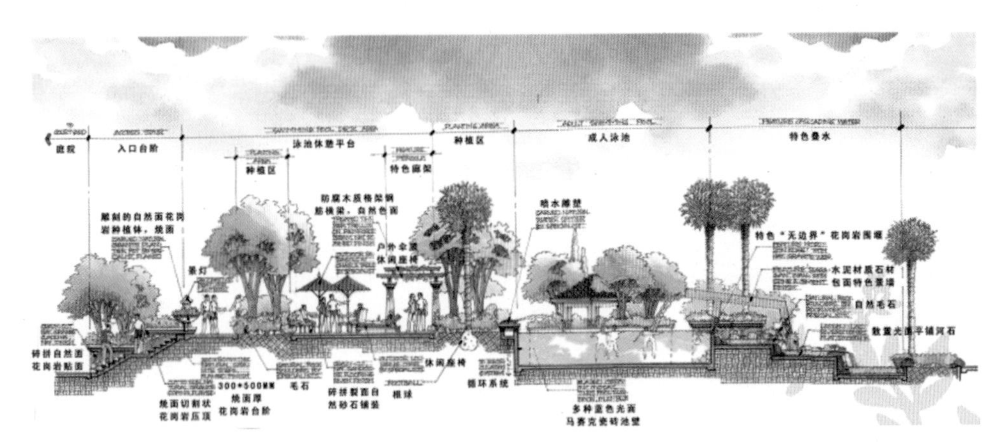

图 5.10 叠水景观剖面图

图 5.11 叠水景观效果图

表 5-2 喷泉景观的分类和适用场

名 称	主要特点	适用场所
壁 泉	由墙壁、石壁和玻璃板上喷出，顺流而下形成水帘和多股水流	广场，居住区入口，景观墙，挡土墙，庭院
涌 泉	水由下向上涌出，呈水柱状，高度 0.6 ~ 0.8 m，可独立设置也可组成图案	广场，居住区入口，庭院，假山，水池
间歇泉	模拟自然界的地质现象	溪流，小径，泳池边，假山
旱地泉	将泉管道和喷头下沉到地面以下，喷水时水流落到广场硬质铺地上，沿地面坡度排出，平常可作为休闲广场	广场，居住区入口
跳 泉	射流非常光滑稳定，可以准确落在受水口中，在计算机控制下，生成可变化长度和跳跃时间的水流	庭院，园路边，休闲场所
跳球喷泉	射流呈光滑的水球，水球的大小和间歇时间可控制	庭院，园路边，休闲场所
雾化喷泉	由多组微孔喷管组成，水流通过微孔喷出，看似雾状，多呈柱形和球形	庭院，广场，休闲场所
喷水盆	外观呈盆状，下有支柱，可分多级，出水系统简单，多为独立设置	园路边，庭院，休闲场所
小品喷泉	从雕塑伤口中的器具(罐、盆)和动物(鱼、龙等)口中出水，形象有趣	广场，雕塑，庭院
组合喷泉	具有一定规模，喷水形式多样，有层次，有气势，喷射高度高	广场，居住区入口

图 5.12 喷泉景观效果图 1

图 5.13 喷泉景观效果图 2

3）功能性场所

小区的功能性景观场所包括：休闲广场、健身运动、儿童游戏场、老年活动场等。

（1）休闲广场　应设于住区的人流集散地，面积应根据住区规模和规划设计要求确定，形式宜结合居住区特色和建筑风格考虑。

广场周边宜种植适量庭荫树和休息座椅，为居民提供休息、活动、交往的设施，在不干扰邻近居民休息的前提下保证适度的灯光照度。

广场铺装以硬质材料为主，形式及色彩搭配应具有一定的图案感，不宜采用无防滑措施的光面石材、地砖、玻璃等。广场出入口应符合无障碍设计要求。

休闲广场使用应符合多样性特点，不同时间段应满足不同的活动内容，是居住区最主要的外部景观空间，只有从各个层面精心设计，才能保证整体景观的和谐与稳定，保证广场的活力与通达，让广场称为真正的居民热爱的“客厅”。如图 5.14、5.15 所示。

图 5.14 居住区中心广场

图 5.15 居住区入口广场

（2）健身运动场　居住小区的运动场所分为专用运动场和一般的健身运动场，专用运动场应按其技术要求由专业人员进行设计。健身运动场应分散在住区方便居民就近使用又不扰民的区域。不允许有机动车和非机动车穿越运动场地。

健身运动场包括运动区和休息区。运动区应保证有良好的日照和通风，地面宜选用平整防滑适于运动的铺装材料，同时满足易清洗、耐磨、耐腐蚀的要求。室外健身器材要考虑老年人的使用特点，要采取防跌倒措施。休息区布置在运动区周围，供健身运动的居民休息和存放物品。休息区宜种植遮阳乔木，并设置适量的座椅。

常见的运动场所有户外乒乓球场、羽毛球场、网球场、排球场、篮球场、小型足球场、门球场等。如图 5.16、5.17 所示。设计时应注意表 5–3、5–4 所列内容。

表 5–3 居住区规划健身场地的面积与设施

类型	场地面积 /m²	位置	场地面积千人指标	设 施
居住区级健身运动场地	8 000 ~ 15 000	位置适中，居民步行距离不大于 800 m	200 ~ 300 m²	可设 400 m 跑道及足球场的田径运动场 1 个，网球场 4 ~ 6 个，小足球场、篮球场各 1 个
居住小区级健身运动场地	4 000 ~ 10 000	结合小区中心布置，步行距离不大于 400 m	200 ~ 300 m²	可设足球场、篮球场和排球场各 1 个，网球场 2 ~ 4 个，羽毛球场与操场等
组团级小块健身运动场地	2 000 ~ 3 000	服务半径 100 m 左右为宜		可设成年人和老年人的练拳操场、羽毛球场、露天乒乓球场、户外健身设施等

表 5–4 户外运动场地推荐尺寸

场 地	长 /m	宽 /m
足球场	105	68
篮球场	28	15
网球场	23.77	10.97
排球场	18	9
羽毛球场	13.4	6.1
乒乓球场	14	7
门球场	27.4	22

图 5.16 网球场

图 5.17 篮球场

（3）游乐场 应该在景观绿地中划出固定的区域，一般均为开敞式。游乐场地必须阳光充足，空气清洁，能避开强风的袭扰。应与住区的主要交通道路相隔一定距离，还应充分考虑儿童活动产生的嘈杂声对附近居民的影响，离开居民窗户 10 m 远为宜。如图 5.18、5.19 所示，见表 5–5。

图 5.18 儿童游乐场 1

图 5.19 儿童游乐场 2

表 5–5 游乐场分类规划

分　类	面　积	设施难易程度	年龄段	位　置
居住区级儿童游乐场	整个居住区	综　合	婴幼儿活动区 1 ~ 3 岁 学龄前儿童活动区 4 ~ 6 岁 学龄儿童活动区 7 ~ 12 岁	结合中心绿地或与晒年共、文化活动中心等结合在一起
小区级儿童游乐场	5 000 m^2	复杂：小型体育场（单双杠、调换等）、较大游戏场地、儿童活动中心、富有挑战性和冒险性设施	9 岁以上	分设在小区集中绿地内，不跨越城市主干道
住宅组团间儿童游戏场	1 000 ~ 1 500 m^2	简单：滑梯、秋千、跷跷板攀登架、游戏墙、绘画用的地面或墙面	6 ~ 9 岁	居住区组团庭院或组团之间的空地上，距离住宅 200 m 为宜，服务半径 150 m
宅旁幼儿游戏场	150 ~ 450 m^2	沙坑或小型水池，铺设部分地面，安放适当座椅	6 岁前	服务半径 150 m

儿童游乐场周围不宜种植遮挡视线的树木，保持较好的可通视性，便于成人对儿童进行目光监护。

儿童游乐场设施的选择应能吸引和调动儿童参与游戏的热情，兼顾实用性与美观。色彩可鲜艳但应与周围环境相协调。游戏器械选择和设计应尺度适宜，避免儿童被器械划伤或从高处跌落，可设置保护栏、柔软地垫、警示牌等。

居住区中心较具规模的游乐场附近应为儿童提供饮用水和游戏水，便于儿童饮用、冲洗和进行筑沙游戏等。

（4）老年活动场地 有“动”“静”之分。“闹”主要指老人们所开展的扭秧歌、戏曲、弹唱、遛鸟、斗虫等声音较大的活动，“闹”区与动态活动中要求的空间环境不一样，所以它们与其他各区应有明确分隔，以免闹区干扰较为清静的活动；其中闹区的选位布局极为重要，一般参与闹区活动的老人较好热闹，具有表演欲，应为他们提供相应的表演空间，并有相应的观众场地。如图 5.20、5.21 所示。

图 5.20　老年活动场地 1

图 5.21　老年活动场地 2

4）硬质景观

（1）庇护性景观　住区中重要的交往空间，是居民户外活动的集散点，既有开放性，又有遮蔽性。主要包括亭、廊、棚架、膜结构等。庇护性景观构筑物应沿邻近居民主要步行活动路线布置，易于通达，并确定其体量大小。

亭　供人休息、遮荫、避雨的个别标志性建筑。如图 5.22、5.23 所示。

亭的形式、尺寸、色彩等应与所在居住区景观相适应、协调。亭的高度宜为 2.4 ~ 3 m，宽度宜为 2.4 ~ 3.6 m，立柱间距宜为 3 m 左右。木制凉亭应选用经过防腐处理的耐久性强的木材。

图 5.22　亭景观效果图

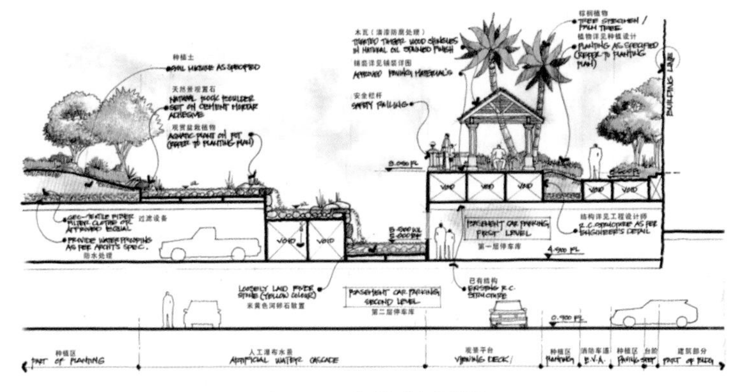

图 5.23　亭景观剖面图

廊　以有顶盖为主，可分为单层廊、双层廊和多层廊。如图 5.24、5.25 所示。

廊具有引导人流，引导视线，连接景观节点和供人休息的功能，其造型和长度也形成了自身有韵律感的连续景观效果。廊与景墙、花墙相结合增加了观赏价值和文化内涵。

廊的宽度和高度设定应按人的尺度比例关系加以控制，避免过宽过高，一般高度宜在 2.2 到 2.5 m 之间，宽度宜在 1.8 到 2.5 m 之间。居住区内建筑与建筑之间的连廊尺度控制必须与主体建筑相适应。

柱廊是以柱构成的廊式空间，是一个既有开放性又有限定性的空间，能增加环境景观的层次感。

图 5.24　廊景观效果图 1

图 5.25　廊景观效果图 2

棚架　有分割空间、连接景点、引导视线的作用，有遮雨功能的棚架，可局部采用玻璃和透光塑料覆盖。适用于棚架的植物多为藤本植物。如图 5.26、5.27 所示。

棚架形式可分为门式、悬臂式和组合式。棚架高宜 2.2 ～ 2.5 m，宽宜 2.5 ～ 4 m，长度宜 5 ～ 10 m，立柱间距 2.4 ～ 2.7 m。

图 5.26　棚架景观效果图 1

图 5.27　棚架景观效果图 2

膜结构

作为标志建筑，应用于居住区的入口与广场上。

作为遮阳庇护建筑，应用于露天平台、水池区域。

作为建筑小品，应用于绿地中心、河湖附近及休闲场所。联体膜结构可模拟风帆海浪形成起伏的建筑轮廓线。

注意前景和背景设计。膜结构一般为银白反光色，因此要以蓝天、较高的绿树，或颜色偏冷偏暖的建筑物为背景，形成较强烈的对比。前景要留出较开阔的场地，并设计水面，突出其倒影效果。如图 5.28、5.29 所示。

图 5.28 膜结构景观效果图 1

图 5.29 膜结构景观效果图 2

（2）雕塑小品 主要是指带观赏性的户外小品雕塑。雕塑是一种具有强烈感染力的造型艺术，园林小品雕塑来源于生活，却予人以比生活本身更完美的欣赏和玩味，它美化人们的心灵，陶冶人们的情操，赋予园林景观鲜明而生动的主题、独特的精神内涵和艺术魅力。

在我国传统园林中，尽管那些石鱼、石龟、铜牛、铜鹤的配置会受到迷信色彩的渲染，但大多具有鉴赏价值，有助于提高园林环境的艺术趣味。在现代园林中利用雕塑艺术手段以充实造园意境日益为造园家所采用。雕塑小品的题材不拘一格，形体可大可小，刻画的形象可自然可抽象，表达主题可严肃可浪漫，根据景观造景的性质、环境和条件而定。通常分为人物雕塑、动物雕塑、抽象性雕塑、冰雕雪塑四大类。如图 5.30、5.31 所示。

图 5.30 雕塑小品方案图

图 5.31 动物雕塑实景图

（3）其他硬质景观 小区的硬质景观还包括信息标志、围墙栅栏、栏杆扶手、挡土墙、土阶等。如图 5.32、5.33 所示。

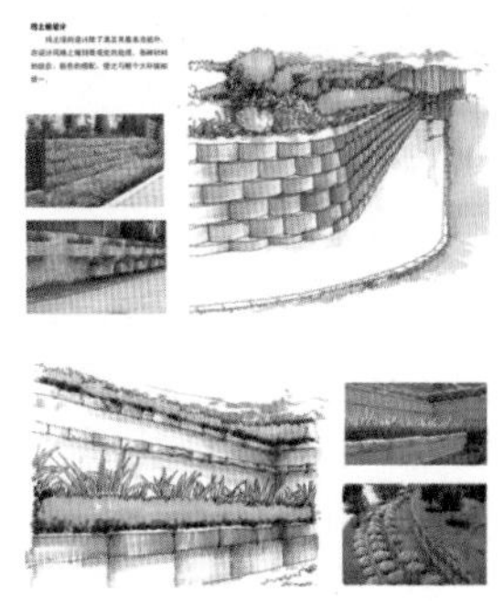

图 5.32 挡土墙设计方案

图 5.33 护坡景观效果图

5）照明景观

居住区室外景观照明的目的主要有 4 个方面：

（1）增强对物体的辨别性；

（2）提高夜间出行的安全度；

（3）保证居民晚间活动的正常开展；

（4）营造环境氛围。

照明作为景观素材进行设计，既要符合夜间使用功能，又要考虑白天的造景效果，必须设计或选择造型优美别致的灯具，使之独成景观。如图 5.34、5.35 所示。

图 5.34 照明景观效果图

图 5.35 照明景观实景图

5.1.2 居住区绿地分级及指标相关规定

居住区用地根据功能要求可划分为住宅用地、公共服务设施用地、道路用地以及公共绿地四大类。

1. 公共绿地（R04）

公共绿地指居住区内安排有游憩活动设施的、供居民共享的游憩绿地，包括居住区公园、小游园和组团绿地及其他块状、带状绿地等。居住区内各项用地所占比例的平衡控制指标应符合表 5-6 规定。

表 5-6 公共绿地（R04）平衡指标

项 目	居住区	小 区	组 团
公共绿地（R04）	7.5 ~ 15	5 ~ 12	3 ~ 8

2. 绿地指标相关规定

（1）居住区内公共绿地的总指标 根据《城市居住区规划设计规范》中的规定，居住区内公共绿地的总指标，应根据居住人口规模分别达到表 5-7 要求，并应根据居住区规划布局形式统一安排、灵活使用。

表 5-7 居住区内公共绿地指标

居住区类型	公共绿地指标
组团	≥ 0.5 m²/ 人
小区（含组团）	≥ 1 m²/ 人
居住区（含小区与组团）	≥ 1.5 m²/ 人
旧区改建	可酌情降低，但不得低于相应指标的 70%

（2）绿地率 衡量住区环境质量的重要标志，其指标要求为：新区建设应≥ 30%；旧区改造宜≥ 25%；种植成活率大于等于 98%。

（3）绿化面积计算 绿地指标中对于绿地率的规定是强制性的，除特殊原因外必须遵守。计算小区绿地率的关键是小区绿化总面积，该总面积应按照《城市居住区规划设计规范》中的要求，当地城市规划主管部门作出的相关规定进行计算。下面以《重庆市都市区城市建设项目配套绿地管理技术规定》中的相关内容作为参考：

宅旁（宅间）绿地面积计算的起止界对宅间路、组团路和住区路算到路边，当住区路设有人行便道时算到便道边，沿居住区路、城市道路则算到红线；距房屋墙脚 1.5 m；对其他围墙、院墙算到墙脚。

道路绿化面积计算，以道路红线内规范的绿地面积为准进行计算。

院落式组团绿地面积计算起止界应距宅间路、组团路和住区路路边 1 m；当住区路有人行便道时，算到人行便道边；临城市道路、居住区级道路时算到道路红线；距房屋墙脚 1.5 m。

开敞型院落组团绿地，应至少有一个面面向住区路，或向建筑控制线宽度不小于 10 m 的组团级主路敞开，并向其开设绿地的主要出入口。

其他块状、带状公共绿地面积计算的起止界同院落式组团绿地。沿居住区（级）道路、城市道路的公共绿地算到红线。

3. 小区类型与景观设计的关系

小区类型与景观设计的关系见表 5-8。

表 5-8 小区类型与景观设计的关系

住区分类	景观空间密度	景观布局	地形及竖向处理
高层住区	高	采用立体景观和净重景观布局形式，高层住区的景观布局可适当图案化，既要满足居民在近处观赏的审美要求，又需注重居民在居室中俯瞰时的景观艺术效果	通过错层次的地形塑造来增强绿视率
多层住区	中	采用相对集中、错层次的景观布局形式，保证集中景观空间合理的服务半径，尽可能满足不同结构、不同心理取向的居民的群体景观需求，具体布局手法可根据住区规模及现状条件灵活多样，不拘一格，以营造出有自身特色的景观空间	因地制宜，结合住区规模及现状条件适度地形处理
底层住区	低	采用较分散的景观布局，使住区景观尽可能接近每户居民，景观的散点布局可集合庭院塑造尺度适人的半围合景观	地形塑造不宜过大，以影响低层住户的景观视野，同时又可满足其私密度要求为宜
综合住区	不确定	宜根据住区总体规划及建筑形式选用合理的布局方式	适度地形处理

5.1.3 居住区绿地景观分类

小区绿地景观规划应做到层次分明、条理清晰、内涵丰富，这里按照绿地等级以及其在小区中的相关区位，划分为中心绿地、组团绿地、宅旁绿地，以及道路绿化、架空空间绿化、平台绿化、屋顶绿化、停车场绿化几个类别，分述如下。

1. 中心绿地

在小区景观规划中，常常会设立集中的小区级中心绿地，也可称之为“绿心”。绿心应具有相应规模，空间上相对开敞，是重要的空间汇合点与转折点，在设计中应处理好绿心与各组团绿地之间的交通关系，以绿化景观为主，结合布置水景与硬质景观等。作为小区集中活动与景观观赏的主区域，绿心应具有极强的公共性与可达性，其位置、性质及形态特征等与小区整体景观规划之间关系紧密。

从位置来看，绿心主要存在中心式、偏心式和边缘式三种基本布置方式。如图 5.36 ~ 5.39 所示。

其中，中心式绿心的服务半径平均，形态布局均衡、稳重，对居民使用来说最为便捷；偏心式绿心一般可结合入口处理，起到“开门见山”的作用；边缘式绿心大多因基地使用条件的原因，配合城市空间进行设计，对外展示小区优美的环境，可起到城市公园的效用。（特别是对于行列式建筑布局），使景观空间环境更加灵活多变。

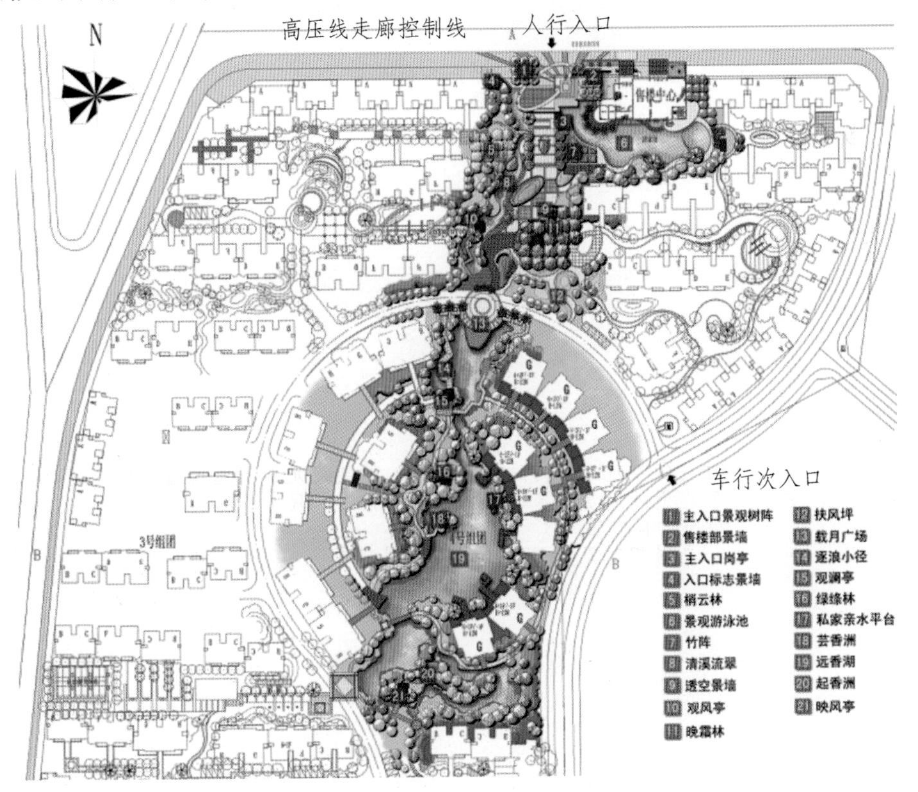

图 5.36 中心景观标注图（偏心式）

图 5.37　鸟瞰图

图 5.38　景观标注图（中心式）

图 5.39　鸟瞰图

注意设计时应主张“中看又中用”，不能单纯追求形式美而忽略景观序列与层次等多方位不能单纯追求形式美而忽略实用性，应从人体尺度、活动组织、景观序列与层次等多方位考虑，营造具有个性特色的小区中心绿地景观。

2. 组团绿地

与住宅组团相匹配的公共中心绿地，其规模应为小区中心绿地的下级，与小区中心绿地之间呈骨架一体关系，同时也是更次一层级（宅旁绿地）的延伸、扩大与集中。组团绿地的设置根据其与住宅组团之间的相对位置关系，可分为以下几种情况：

设于组团核心　这是最为常见的一种形式，即住宅建筑以组团绿地为核心围绕布置。这种方式给人以静谧、内向的空间感受，居民可从自家窗户观赏绿地中心的景致，享受绿意，同时还可看护儿童活动。

设于组团之间　当组团用地受到限制，或者根据设计想取得自由灵活的景观效果时，常在两个组团甚至多个组团之间布置组团绿地。这种方式通常可取得比单个组团更大的绿地面积，有利于打破单点的分区局面（特别针对行列式建筑布局），使景观空间环境更加灵活多变。

设于临街区域　这种方式是将住宅退离城市街道一定距离，在临街区域布置组团绿地。这样的处理可以打破住宅群（特别是中高层住宅）沿街连线过长的感觉，根据小区实际景观规划适当采取这种方式。

如图 5.40、5.41 所示。

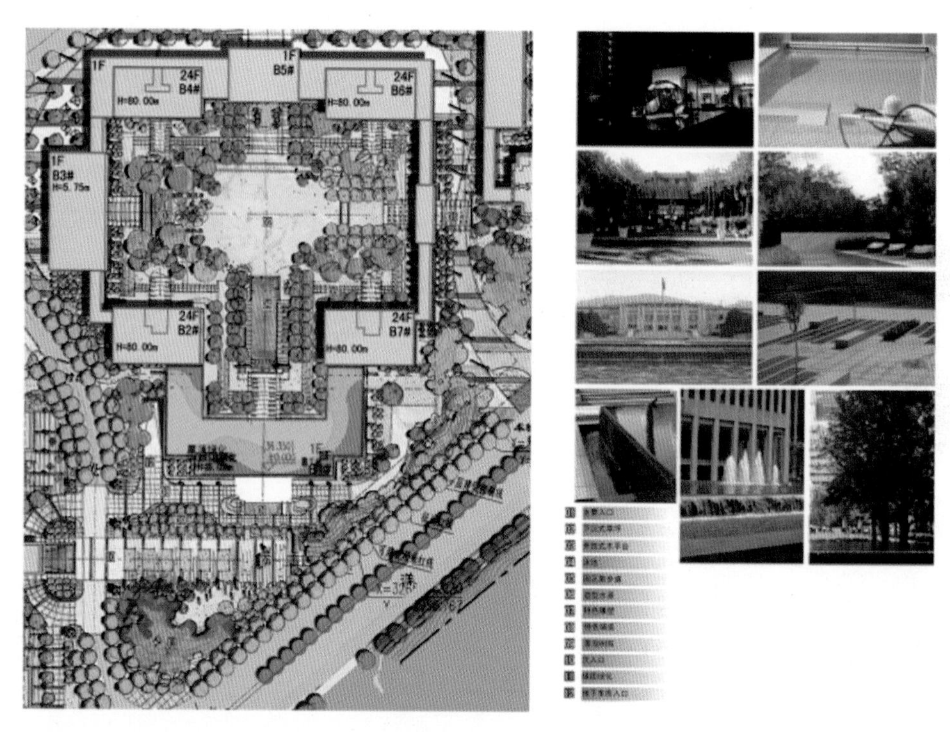

图 5.40 组团绿地方案 1

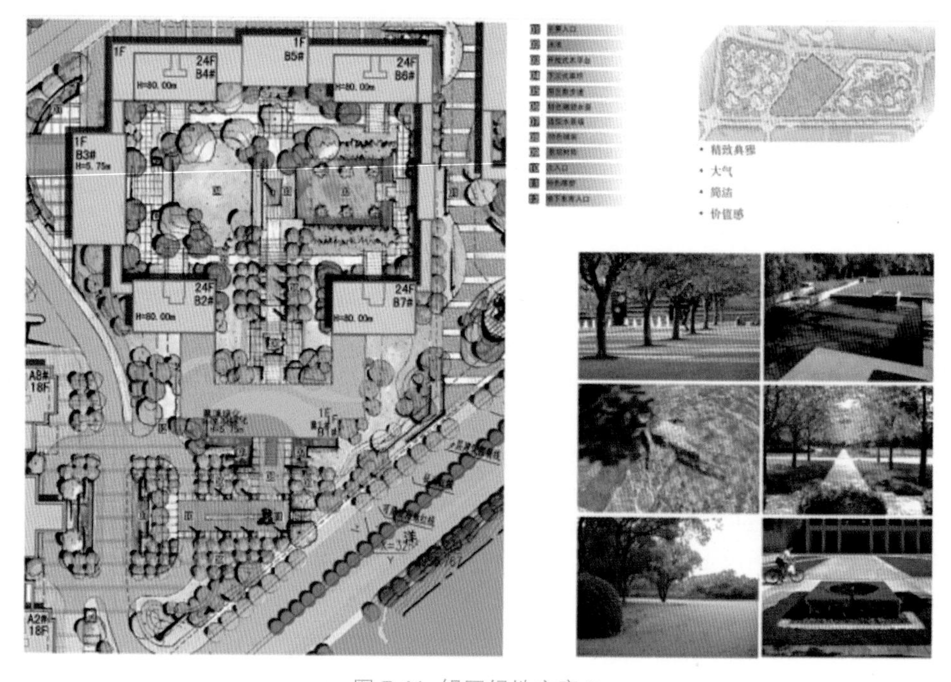

图 5.41 组团绿地方案 2

3. 宅旁绿地

组团绿地的发散与补充，围绕在住宅四周，是邻里交往频繁的室外空间，可设置儿童活动场所、晨练健身场地以及交往休息空间等。一般来说，宅旁绿地位于楼栋之间，面积较小而且零碎，很难在同一块绿地里兼顾四季变化，其绿化配置较好的处理手法是一片一个季相或一块一个季相，同时宜选用有益人们身心健康的保健植物如银杏、柑橘等，有益消除疲劳的香花植物如栀子花、月季、桂花、茉莉花等，以及有益招引鸟类的植物如海棠、火棘等。如图 5.42、5.43 所示。

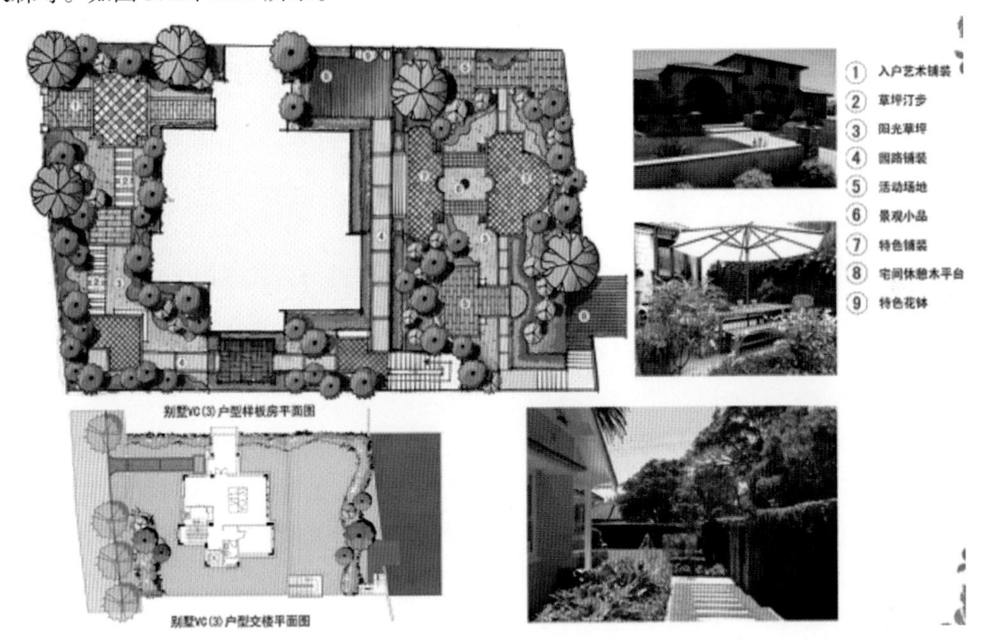

图 5.42　宅旁绿地方案

图 5.43　宅旁绿地效果图

需注意的是，宅旁绿地与住宅建筑紧密关联，应处理好建筑物与植物（特别是乔木）之间的关系。其一，高大建筑物四周的小气候常有很大差异，南侧光照时间较长，气温和土温会相应提高，而北侧则相对阴凉，由于植物离建筑物越近，受建筑物影响愈大，所以在选择时应考虑到这种小气候的差异，结合南北方情况因地制宜地选配树种，保证树木的良好长势；其二，树木栽植要考虑到既有遮阴功能，还要有利于透光，在住宅南北方向不宜选用高大浓荫的乔木，以提高底层住宅的采光率，一般来说乔木与建筑距离宜大于 5 m，北面可稍近；其三，住宅四周不宜种植根系发达的常绿树，遮阳可以避免树木对房屋墙壁的机械损伤，并改善树木的生活环境，使树木根系和枝条更好地伸展生长；其四，配景绿化的树形与姿态应与建筑物整体风格与形态相协调。

4. 道路绿化

道路绿化是小区“点、线、面”绿化系统中“线”的部分，起着连接、导向、分割、围合整个居住小区绿地的作用，同时作为绿地补充，为居民散步游玩提供便利。道路绿化包含从干道绿化到园路绿化各级层次，其中干道绿化是道路绿化的重点，主要可分为三个部分，即分车绿带、行道树绿带与路侧绿带。如图 5.44、5.45 所示。

其中：分车绿带宜采用修建整齐的灌木与花卉配搭的形式；行道树绿带的带宽不宜小于 1.5 m，行道树树种应尽量选择整体高度及枝下高度适中，无飞絮、针刺及异味等的树种，其枝冠宜水平伸展，起到遮阳作用；路侧绿带宜配植时令开花植物、色叶植物，随季节呈现出不同季相，形成系统有序的组合空间，实现多种景观感受。需注意，干道的绿化设计应着重体现引导功能，平面构图上这条“绿线”宜选用冠大荫浓的树种，沿路列植或群植，将小区入口、中心绿地、住宅楼栋有机串联起来。

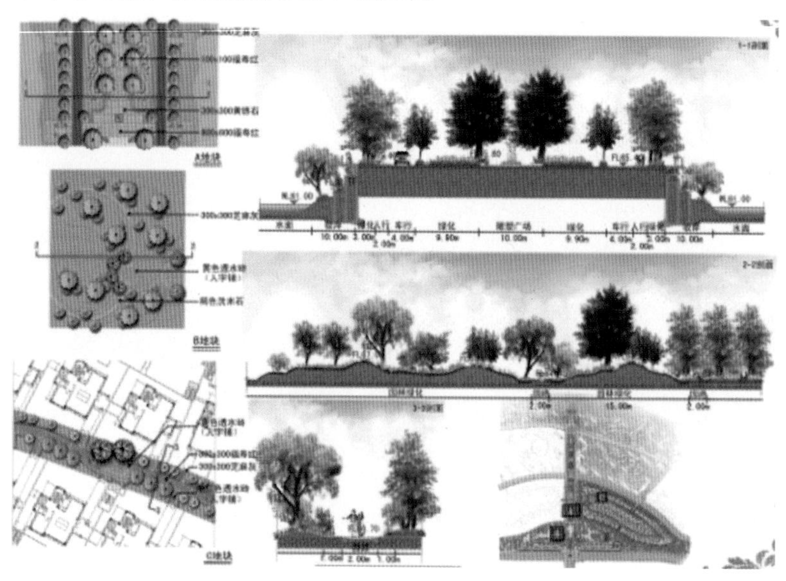

图 5.44　道路绿化方案剖面图 1

图 5.45 道路绿化方案剖面图 2

5. 架空空间绿化

将小区住宅楼或会所等公共建筑的底层局部或全部架空，形成与小区环境相贯通的半室外空间，并将绿化景观引入其中的绿化方式。如图 5.46、5.47 所示。

这种方式一方面增大了绿化空间，使原本被建筑阻隔开的景观之间重新建立起渗透与交流；一方面又为小区居民提供了舒适的防风避雨、乘凉消暑、活动休息的空间环境，对增进人际交往有益处。对于住宅楼栋的底层进行架空绿化，通常会结合入口进行设计，给居民带来轻松惬意的归家感受，是提高居住环境品质的有效方式；至于架空层的绿化，宜种植喜阴的低矮植物和花卉，并与宅间、组团绿化融为一体，带来无处不绿的居住体验。

图 5.46 架空空间绿化方案

图 5.47 架空空间绿化实景图

6. 平台绿化

根据小区整体规划常常将停车库、辅助设备用房等设在地下或半地下，这是可利用其顶部覆土一定深度进行制备种植，称之为平台绿化。平台绿化是小区中广泛使用的绿化处理方式，是对空间的高效利用，既满足了建筑功能需求，又为小区居民提供了安全美观的室外景观环境。如图 5.48、5.49 所示。

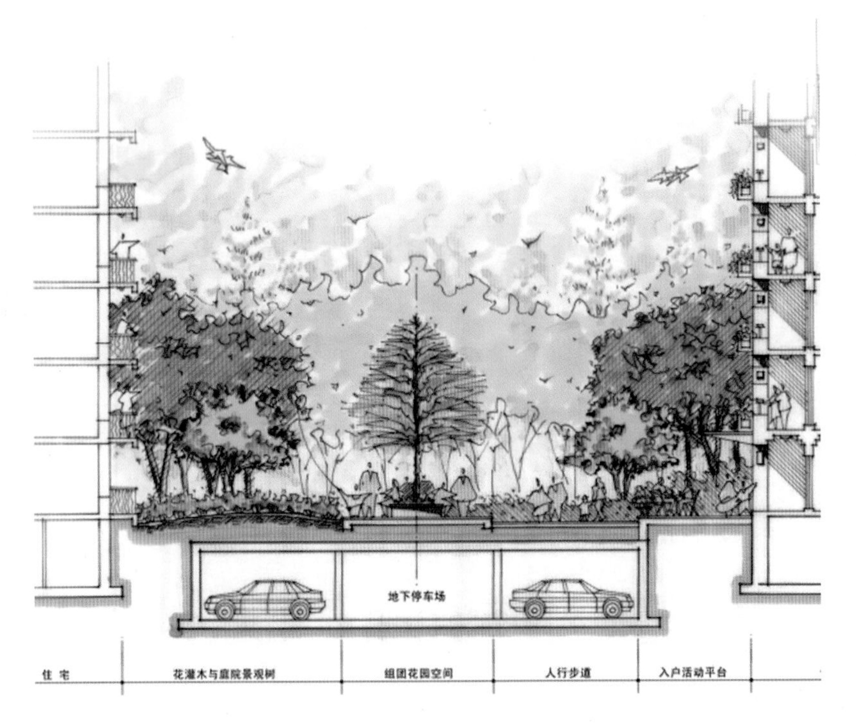

图 5.48 停车库平台绿化方案

独立式采光井设计：将采光井布置在整个景观环境中，通过植物的围合与衬托，使之成为园林景观设计中的一个特别的景观元素。

结合式采光井设计：将采光井的功能渗透在地下人行出入口中，通过玻璃的通透性，使两种功能合理的结合起来。

图 5.49 地下室采光井平台绿化方案

平台绿化的覆土种植一方面应考虑平台结构的承载力及灌溉排水问题；另一方面，覆土厚度必须满足植物生长的需求，对于较高大的树木，可在平台上设置树池栽植，其可控制厚度参考表 5-9。

表 5-9　平台绿化种植土厚度

种植物	种植土最小厚度 /cm		
	南方地区	中部地区	北方地区
花卉草坪地	30	40	50
灌木	50	60	80
乔本、藤本植物	60	80	100
中高乔木	80	100	150

7. 屋顶绿化

屋顶绿化与平台绿化有许多共通之处，平台实际就是地下建筑的屋顶；在屋顶绿化设计中，也应考虑结构承载力及灌溉排水问题。屋顶可分为坡屋面和平屋面两类：坡屋面绿化多选择贴伏状藤本或灌溉植物；平屋面以种植观赏性较强的花木为主，并适当配置水池、花架等小品，形成周边式和庭院式绿化效果。如图 5.50、5.51 所示。

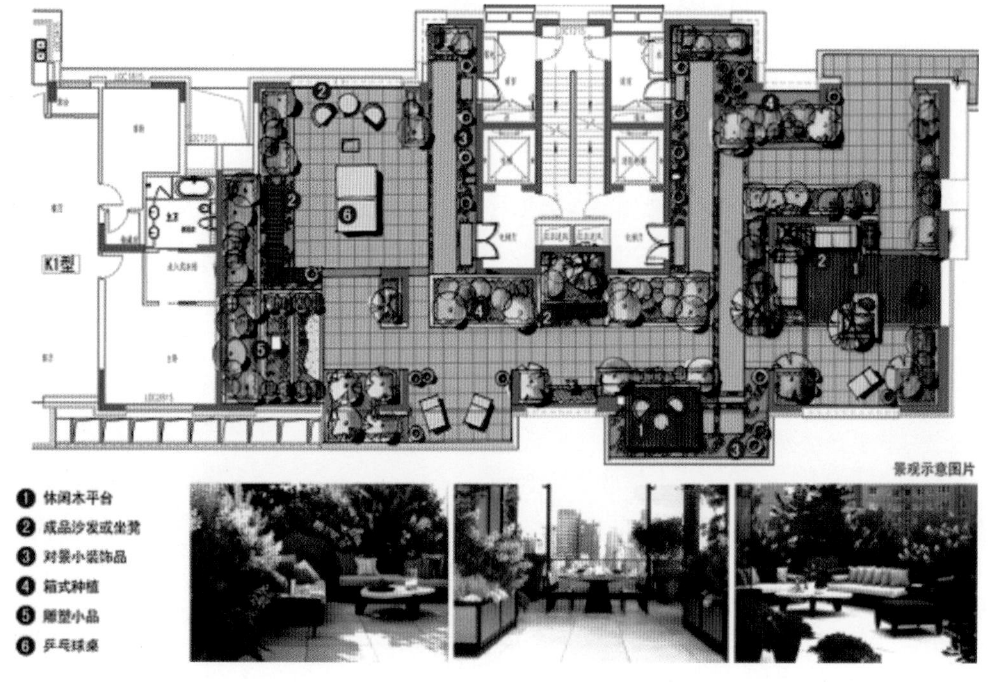

图 5.50　屋顶绿化方案 1

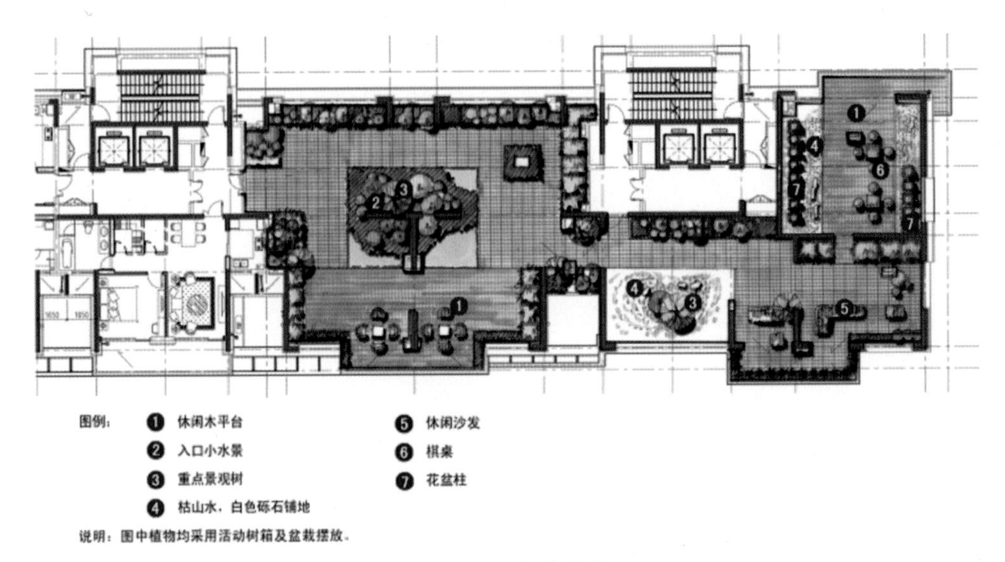

图 5.51 屋顶绿化方案 2

需注意，建筑屋顶的自然环境与地面有所不同，日照、温度、风力和空气成分等随建筑物高度而变化，设计中应充分考虑这些具体情况：一是屋顶接受太阳辐射强，光照时间长，宜选择耐高温、向阳性的植物；二是屋顶温差变化大，夏季白天温度比地面高，夜间比地面低，而冬季屋面温度又比地面高，有利植物生长；三是屋顶风力比地面大 1 ~ 2 级，对植物发育不利，根据屋面实际风力情况可选择抗风力强、外形较低矮的植物；四是屋顶相对湿度比地面低 10% ~ 20%，植物蒸腾作用强，更需保水，宜选择种植耐旱、耐移栽、生命力强的植物。

8. 停车场绿化

停车场内及周边应作绿化处理，以美化环境、隔尘减噪，从而降低对小区景观品质的影响，停车场绿化方式可参考表 5–10 所述，如图 5.52、5.53 所示。

表 5–10 停车场绿化设计要点

绿化部位	景观及功能效果	设计要点
周界绿化	形成分隔带，减少视线干扰和居民的随意穿越。遮挡车辆反光对居室的影响。增加了车场的领域感，同时美化了周边环境	较密集排列种植乔木和灌木，乔木树干要求挺直；车场周边也可围合装饰景墙，或种植攀缘植物进行绿化
车位间绿化	多条带状绿化种植产生陈列式与铝杆，改变车场内环境，并形成庇荫，避免阳光直射车辆	车位间绿化带由于受车辆尾气排放影响，不宜种植花卉。为满足车辆的垂直停放和种植物保水效果，绿化带一般宽度为 1.5 ~ 2 m，乔木沿绿化带排列，间距应≥ 2.5 m，以保证车辆在其间停放
地面绿化及铺装	地面铺装和植草砖使场地色彩产生变化，减弱大面积硬质地面的生硬感	采用混凝土或塑料植草砖铺地。种植耐碾压草种，选择满足碾压要求具有透水功能的实心砌块铺装材料

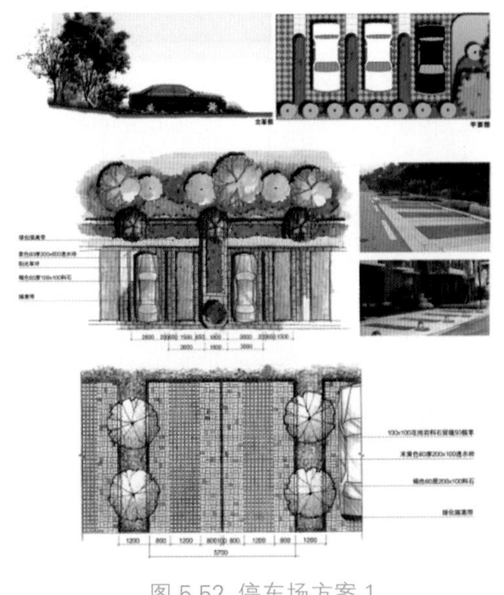

图 5.52 停车场方案 1

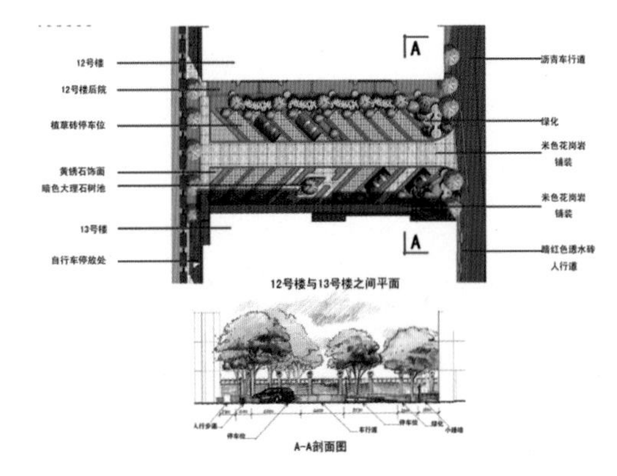

图 5.53 停车场方案 2

5.2 居住区景观规划设计

5.2.1 居住区景观设计的原则及步骤

1. 居住区景观设计的原则

1）景观设计与建筑设计有机结合原则

当前大多数居住区设计的一般过程是：居住区详细规划—建筑设计—景观设计的三个阶段往往相互脱离或者联系很少，设计常常表现为景观适应建筑，导致各景观元素零散地分布在建筑四周。好的设计方法应该是在提出规划时，就把握住景观的设计要点，包括对基地自然状况的研究和和利用，对空间关系的处理和发挥以及与居住区整体风格的融合和协调等，甚至先规划好整体环境，再用建筑去巧妙地分隔和围合空间，经过从建筑到景观再到建筑的多次反复，实现建筑与景观的和谐共生。

2）多方协调原则

首先，在居住区景观设计初期，景观设计师、建筑师、开发商要经沟通和协调，使景观设计的风格能融在居住区整体设计之中，景观设计应遵从开发商、建筑师、景观设计师三方互动的原则。其次，在景观具体的设计过程之中景观设计师还应该与结构工程师、水电工程师等各专业工程师配合，确定景观设计中的技术因素，以保证景观效果。最后在施工过程中，景观设计师还要与负责施工的园林绿化单位以及各供货商协调，保证景观建设工程的进度和实施效果。只有通过各方的通力合作才能为居民创造出整体、和谐并能体现居住品质的居住环境。

3）社会性原则

社会性原则本质上就是体现“以人为本”，景观设计既要满足人们对景观使用功能的需求，又应该考虑景观设计给人们带来的视觉及心理感受，并要体现景观资源的均好性，力争让所有的住户能均匀享受优美的景观环境；同时，深化“以人为本”的设计理念，强调人与景观有机融合，充分营造亲地空间、亲水空间、亲绿空间和亲子空间，兼顾特殊人群、注重无障碍和人性化设计，形成温馨祥和的居住空间。

2. 居住区景观设计的步骤

居住区景观设计一般分为七个阶段，即设计任务书阶段、调研和分析阶段、概念设计阶段、初步设计阶段、施工图设计阶段、施工配合阶段和回访总结阶段。各个阶段应达到相应的深度才能进行下一阶段的设计。见表 5-11。

表 5-11 居住区景观设计阶段内容

阶段	注意重点	完成内容
设计任务书阶段	项目建设要求（条件、面积、投资、设计与建设进度）	掌握设计目标、内容和要求，熟悉当地历史、社会习俗、地理环境、技术条件、经济水平等
调研和分析阶段	取得现状资料、分析资料	基地调研，通过图片拍摄、草图勾画搜集详尽现场地形、植被、自然及历史条件等。 完成对基地评价，挖掘地块最大潜能
概念设计阶段	结合调研与业主要求，草图功能分析各功能与空间围合关系； 对方案进行修改完善	明确各功能空间、道路、广场及中心景区的设计。绘制图纸：区位图、场地现状分析图、总平图、景观功能分析图、道路结构分析图、景观视线及空间节点分析图、植物种植设计、主要或局部剖面图、主要建构筑物的平立剖面、水电设计图、设计说明
初步设计阶段	尽可能遵循原方案，景观设计师与建筑、结构、水、电工程师的配合	设计说明、设计图纸和工程概算书（总平图、竖向布置图、种植平面图、水景设计图、铺装设计图、园林景观建筑及小品设计图、景观配套设施初步选型表、给排水图、电气图）
施工图设计阶段	观设计师与建筑、结构、水、电工程师的配合，协调施工与供货商，确定设施规格和种类	总平图、竖向布置图、种植平面图、平面分区图、歌曲放大平面图、详图、景观标志系统设计图、景观配套设施选型表、给水排水专业图、电气专业图、设计概算书
施工配合阶段和回访总结阶段	设计与施工紧密配合 使用后对项目进行回访总结	沟通问题、更正图纸、与施工同步 编写项目总结报告，改进工作方法

5.2.2 居住区景观设计

1. 基地分析

居住区景观设计的现场条件需充分考虑总体规划与设计，包括规划总图、建筑单体、地下室及其他设施设计。以居住区的总体规划与设计作为景观规划的最基本依据，对居民的需求和场地进行深入分析，设计出合适的居住区景观方案。

1）人的需求分析

居住区景观最终是为居民而设计的，要考虑居民的室外活动需求，如集会、健身、运动等，应该根据居民的需求布置适当的活动设施。主要规划内容包括：多功能活动广场、儿童游乐场、老人活动场地、健身运动场、小型休憩空间等。如图 5.54、5.55 所示。

图 5.54　功能活动广场效果图

图 5.55　小型休憩空间效果图

2）场地分析

居住区景观规划主要是分析总体规划的内容，依据所提供的建筑形态、空间布局、竖向变化等要素，做出合适的景观设计方案。

在规划中，要特别关注：总体规划中的建筑与道路布局形态；项目所提供的产品类型，如别墅、多层、高层还是复合地产等；项目中整体的风格定位，如何沿袭。还要考虑建筑单体底层出入口的位置及室外标高的衔接状况，地下管网及地库等的位置及埋深与覆土状况，地库的出入口，消防车道及消防登高场地的要求等。

2. 立意构思

居住区景观规划创作较为自由，因而立意是关键。只有立意在先，方能将平面布局和主要的景点、节点有机地组织在一起。居住区景观规划一个好的立意，会让整个小区充满文化氛围，铸就经典。

小区的景观立意构思的来源众多，常见的方式有：根据小区总规与策划来进行立意构思；根据小区所在的地区文化背景进行立意构思；对小区的人文要素、自然要素等进行提炼形成立意构思等。如图 5.56 ~ 5.59 所示。

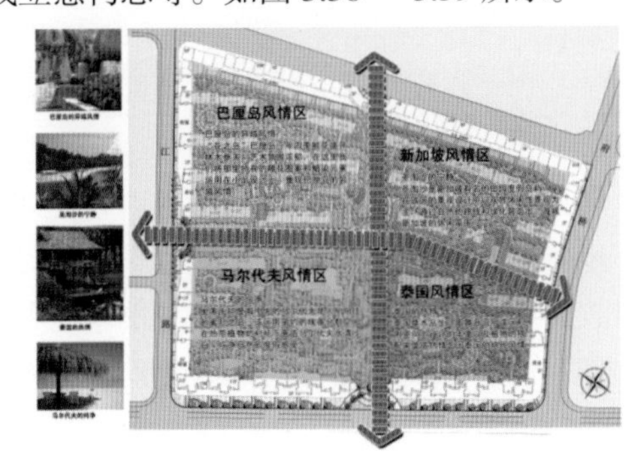

图 5.56　以文化背景构思

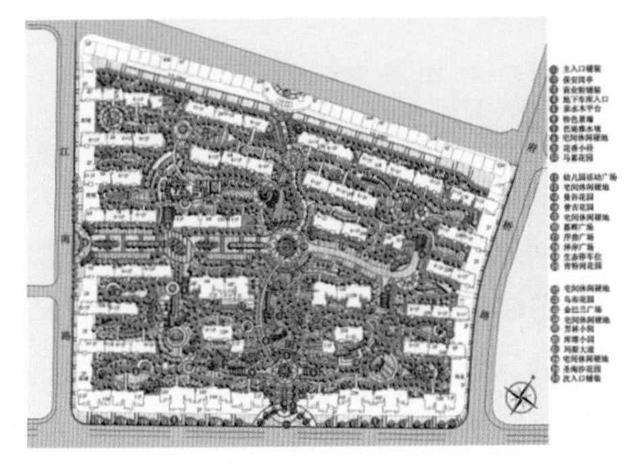

图 5.57　景点索引图

图 5.58 以自然要素“水”构思

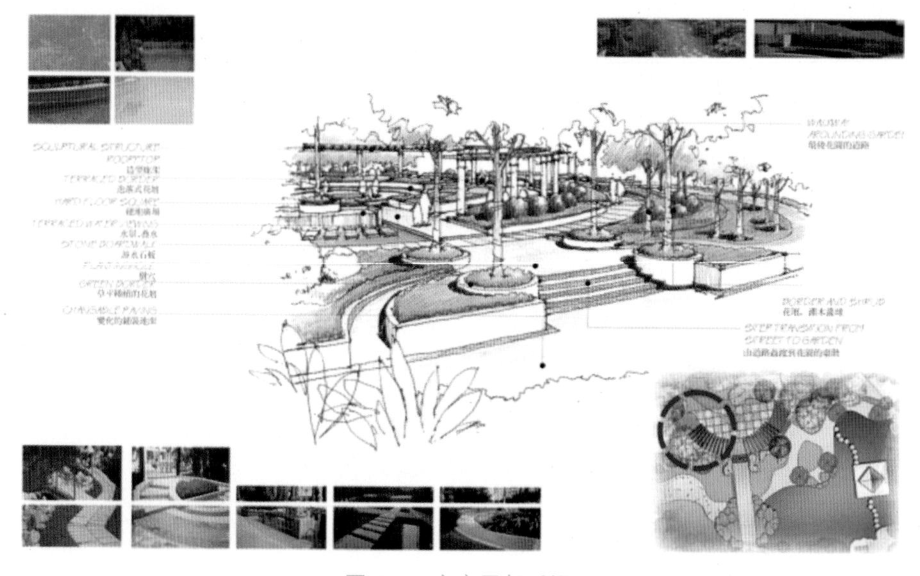

图 5.59 方案局部透视

3. 景观功能分区

居住区景观应兼顾“动”“静”两大功能。居住区的“动”表现为居民运动、健身而设置的网球场、篮球场、儿童游乐场以及集散广场等。此外，配套的商业区也属于“动”的功能范畴。在设计时，“动”的区域尺度可以放开些，以吸引人群。通常安排在远离住宅建筑的区域，以免干扰居民的正常休息。而“静”的部分主要是供人休憩赏景、交流静坐的场所。所以区域应适当缩小，控制人流。如图 5.63 所示。

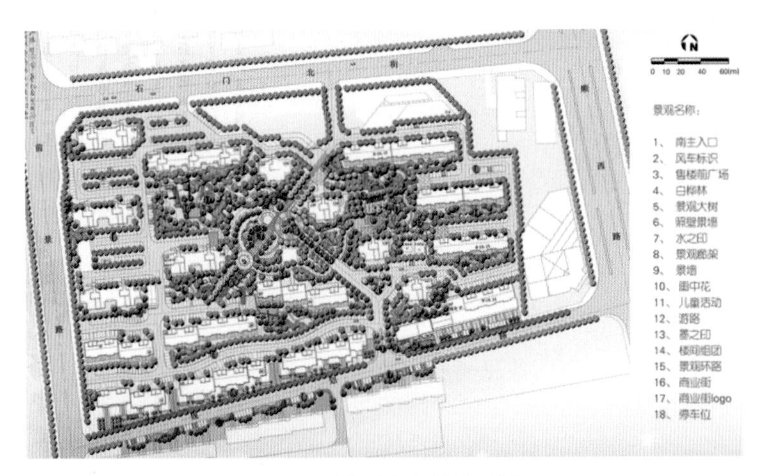

图 5.60 景观方案总平面图

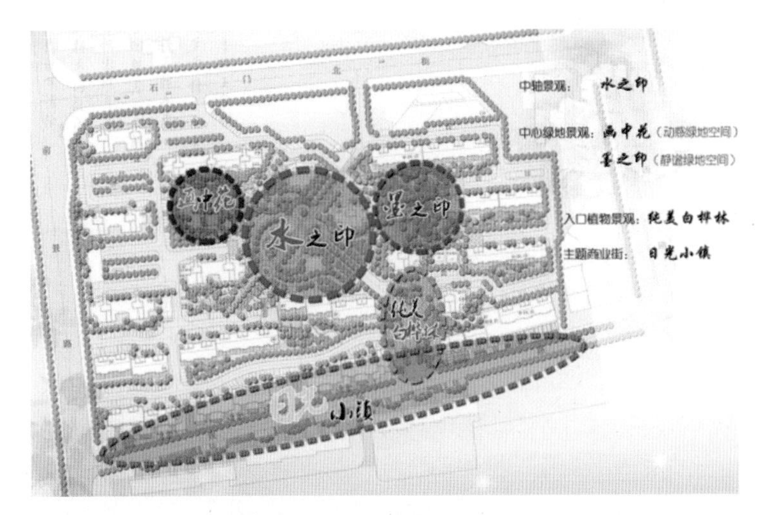

图 5.61 五大主题及功能分区图

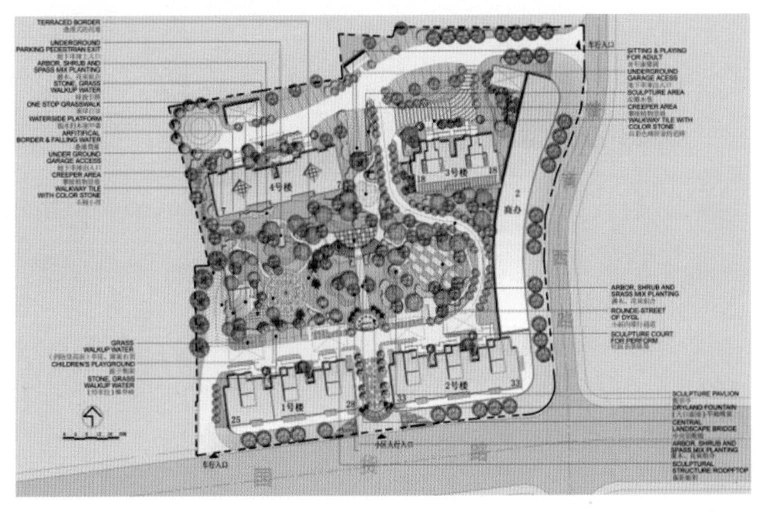

图 5.62 景观方案平面图

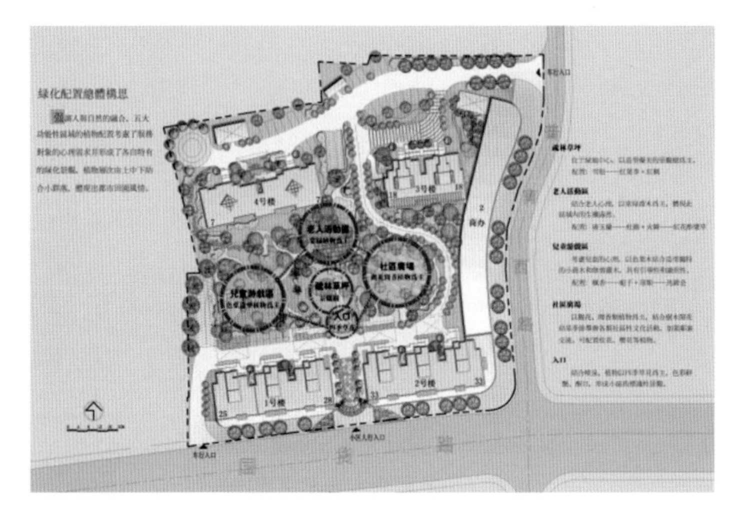

图 5.63 功能分区图

5.3 居住区景观场地设计实例

5.3.1 组团绿地景观设计实例

组团绿地用地是相对集中的块状或带状用地，应规划设计成具有一定活动内容和设施的集中绿地，供居民集体使用，为户外活动、邻里交往、儿童游戏、居民聚集等提供良好的条件。如图 5.64 ~ 5.67 所示。

组团绿地一般布置于小区中心、副中心或重要节点区域，能服务于整个小区，居民步行 3 ~ 4 分钟即可到达，便于居民使用。在景观形态上，因处于居住区建筑群中心，空间环境较为安静，较少受外界人流、交通的影响，能增加小区居民的领域感和安全感。

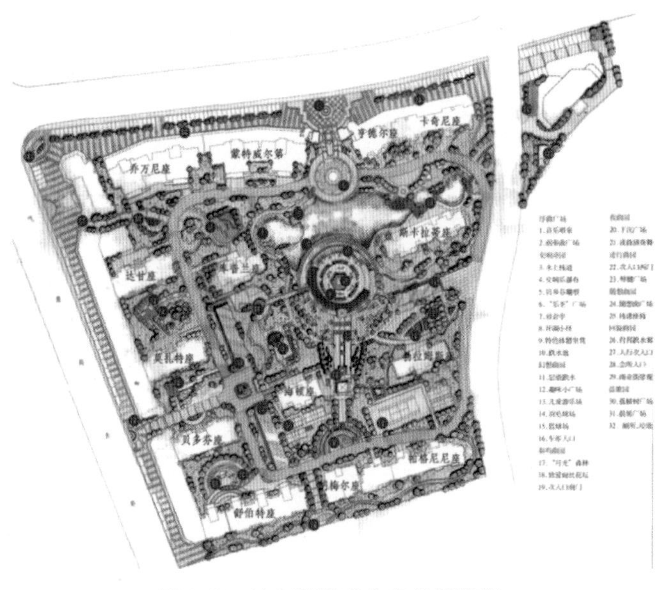

图 5.64 某小区景观方案总平面图

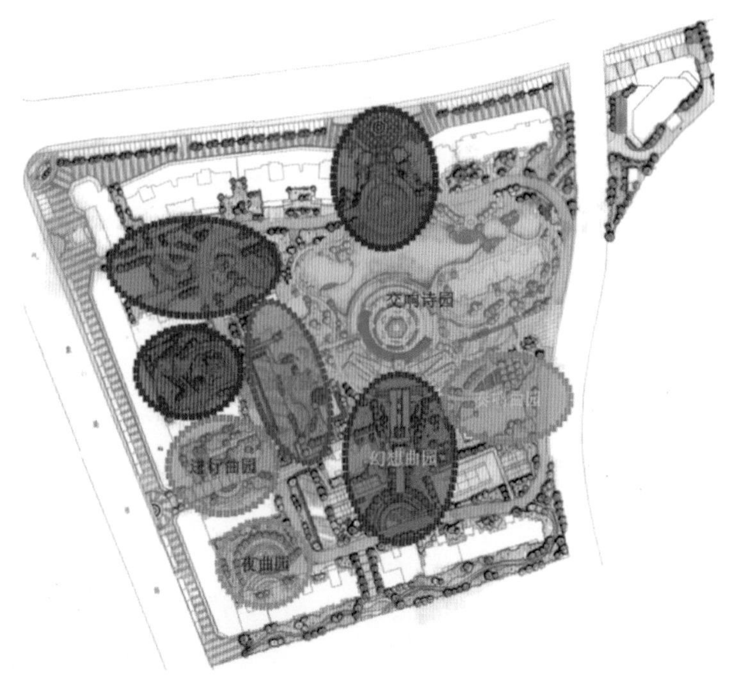

图 5.65　景观功能分区图

图 5.66　“交响诗院”

图 5.67　“晨歌园”

5.3.2　宅旁绿地景观设计实例

宅旁绿地因为与居民的日常生活密切相关，在规划设计中需要周到齐全。

针对底层住宅，可在东西两侧配置些落叶乔木或绿廊，将朝东（西）的窗户进行遮挡，有效减少夏季东西日照。靠近房屋基础应种植些低矮灌木，以免遮挡窗户，影响采光。在乔木下设置桌凳、游乐设施等，可供居民、儿童就近休息。

对于高层塔式住宅的宅旁绿地规划，应该考虑到宅间距有限，四周应以草坪绿化为主，在草坪边缘种植乔木、灌木及草花等。也可以配置各种图案绿篱，丰富楼层俯视的景观效果。景观布置应该注意建筑间的空间尺度，树种配置、尺寸选择要以建筑层次和绿化设计的“立意”为前提。如图 5.68 ～ 5.73 所示。

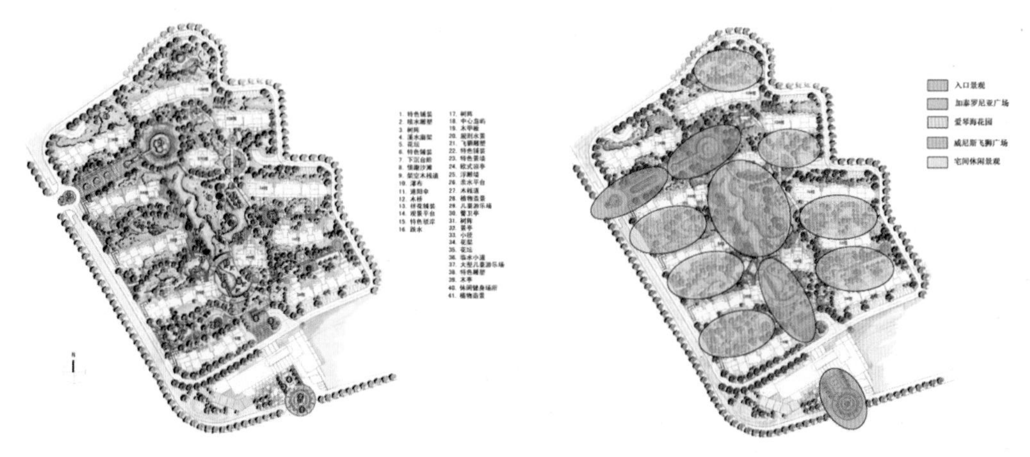

图 5.68 景观规划总平面图

图 5.69 景观分析图

图 5.70 宅间（5# 楼与 7# 楼）绿化景观意向图

图 5.71 宅间绿化效果图

该组团位于2#楼和5#楼中心绿地，主要以一条木甲板铺装贯穿其中，两头分别是加拿利海枣树阵，简欧凉亭和圆形铺装，两边设置了弧形花架以及明亮铺装，再种植花香乔灌木，从视觉、嗅觉上来体现以人为本

图 5.72　宅间（2# 楼与 5# 楼）绿化景观意向图

图 5.73　宅间绿化效果图

5.3.3 入口景观设计实例

居住区的入口作为与城市街道的融合点与交界面，是小区景观序列开始的标志和引导段的起点。有增强识别性、领域性、归属感的作用，是分隔小区内外空间的重要手段。入口景观大体包括：大门、门禁系统、管理室、围墙、绿化等内容。入口景观的设计轮廓、尺度、形式、色彩等需要与环境的氛围相协调，在空间上应互相穿插、渗透，努力营造出轻松、亲切、愉快的氛围。如图 5.74 ~ 5.78 所示。

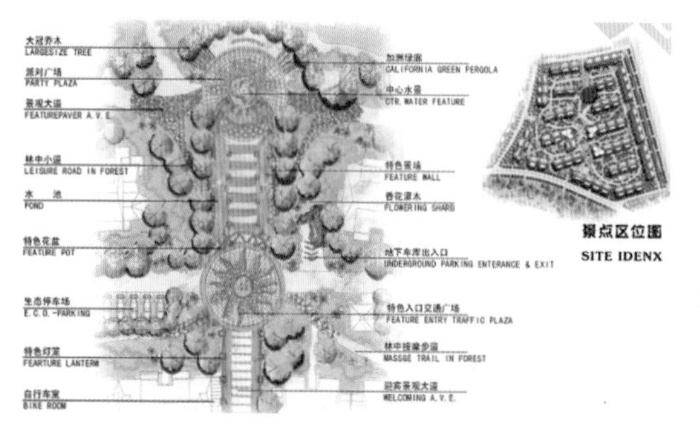

图 5.74 主入口平面大样图

图 5.75 入口效果图

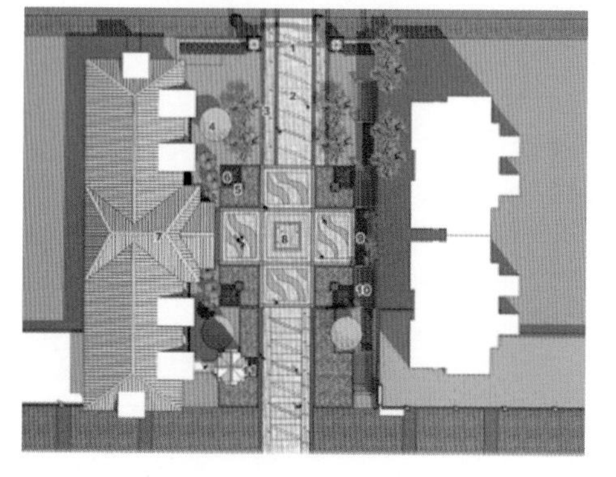

图 5.76 小区入口景观——大门方案

图 5.77 大门效果图

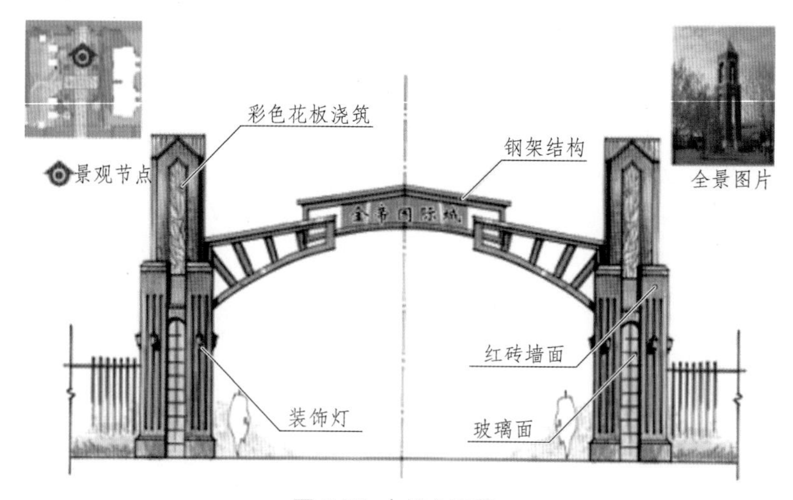

图 5.78 大门立面图

5.3.4 活动场所设计实例

1. 儿童游乐场

儿童游乐场是居住区公共设施系统重要组成部分。在设计时，尽量考虑到：游戏设备丰富多样，场地宽阔；与住宅入口就近；场地避免交通车辆穿越；低龄儿童和高龄儿童游戏区应尽量分开布置；提供可看见整个场地的长椅，等等。如图 5.79、5.80 所示。

图 5.79　儿童游乐场方案 1

图 5.80　儿童游乐场方案 2

2. 老年人活动场地

考虑到老年人生理需求，在其活动场景观设计时需充分考虑采光和照明，增强物体的明暗对比和色彩亮度，创造较为近距离的交流空间。老年人的活动场所还应该注意地面防滑处理，地面尽量平整，减少高差变化。活动场地需要有无障碍设计，高差变化及台阶坡道端头应该设置警告标牌。如图 5.81、5.82 所示。

图 5.81　老年人活动场实景图 1

图 5.82　老年人活动场实景图 2

3. 健身运动场

健身运动场设计时，注意如下细节：

专项活动场地（如篮球场、羽毛球场、乒乓球场等）的服务半径不宜过大（$R \leqslant 500$ m），可结合小区中心绿地及公共服务设施设置，占地面积不宜小于 350 m^2。

场地布局上还应该设置休息区。休息区的铺装应该平整防滑，应配置遮阳乔木，并布置适量座椅。运动场地的出入口应设置障碍物，避免机动车驶入。应该配套无障碍设施，方便残疾人进入。此外，场地规划时应该尽量将多种用途综合，避免使用率低，造成浪费。如图 5.83、5.84 所示。

图 5.83 健身运动场效果图 1

图 5.84 健身运动场实景图 2

5.4 居住区景观设计实例

江西·梦湖丽景景观设计

抚州梦湖丽景项目地处抚州梦湖新区，南临体育路，临望梦湖，北为东华理工大学与西湖，西为西湖引水渠、水渠南路（如图 5.85）。项目为求景观与建筑的和谐，风格定位于与建筑匹配的新古典主义风格，并以生态自然的绿化为背景，以人文主义关怀为依托，营造符合城市花园式景观环境。设计中秉承以人为本的原则，将居住的生活带入和谐典雅的大花园中去。

1. 设计创意

在用地环境相对约束的背景下，通过轴线组织设计将空间拓展延伸，并使东西两区融为一体，使主要空间节点都有节奏地布置于相应的环境之中（如图 5.86）。

图 5.85 场地分析

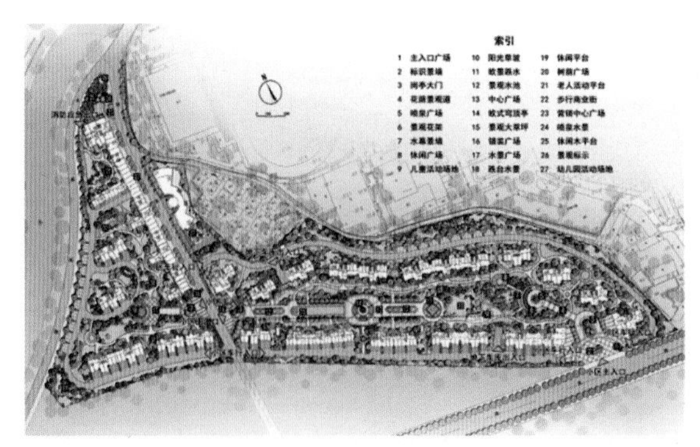

图 5.86 景观总平面布置图

2. 空间结构分析

项目用地为不规则条状，被道路分隔为东、西两区。设计贯穿两区的大轴线，重要的景观节点有序地布置在轴线上。空间拓展延伸，景观主题被烘托强化。如图 5.87、5.88 所示。

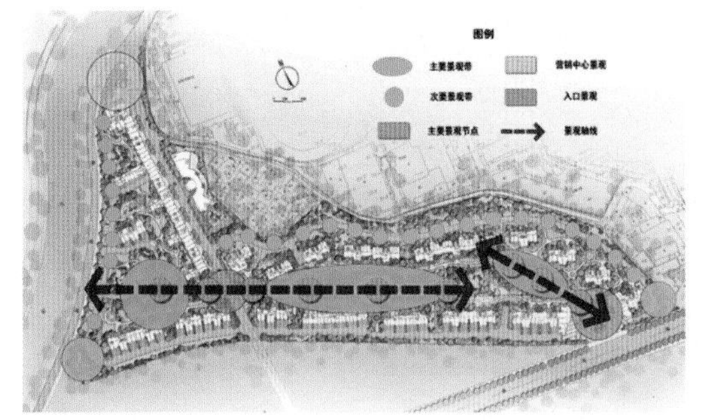

图 5.87 景观结构分析

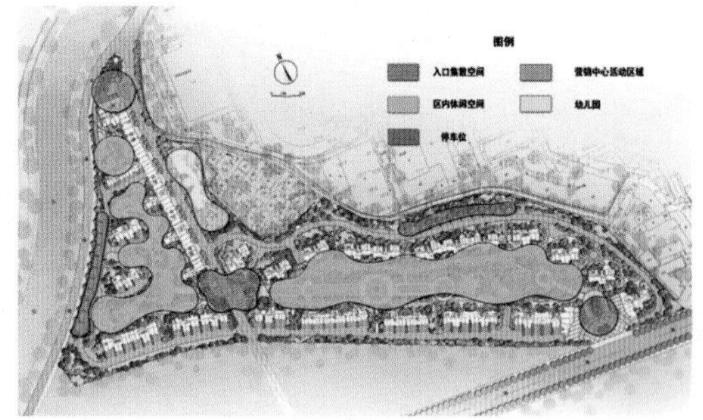

图 5.88 空间功能分区

3. 景观、功能分区

西区景观入口以岗亭居中对称布置，两侧人行入口为铁艺大门；中心花园主景为跌台水景，背景为自然绿林；亲子乐园和健身休闲区布置在宅间绿地中。东区入口与西区呼应，处理与西区类似；中心花园沿轴线呈带状分布，包括水池喷泉景观、中心绿地、欧景广场、林荫道、花园广场等；宅间绿地主要分布健身小路、休闲场地、亲子乐园等。如图 5.89 ~ 5.97 所示。

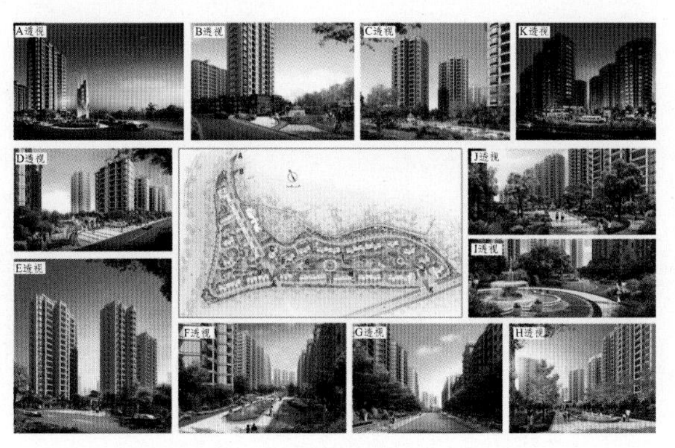

图 5.89 景观效果索引图

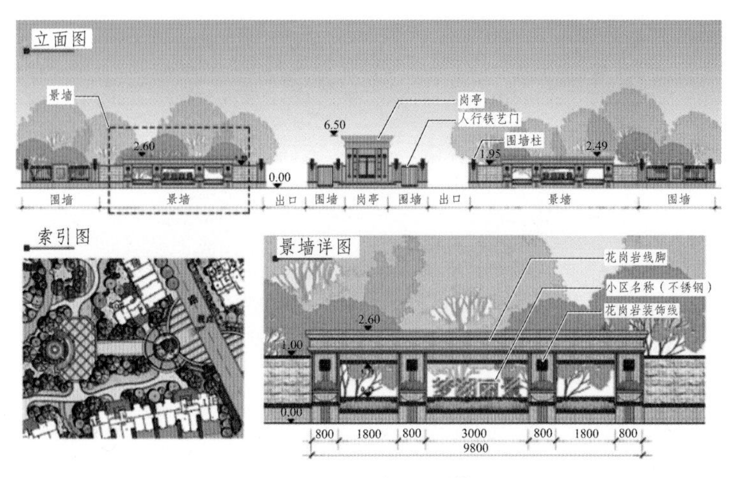

图 5.90 西区主入口详图

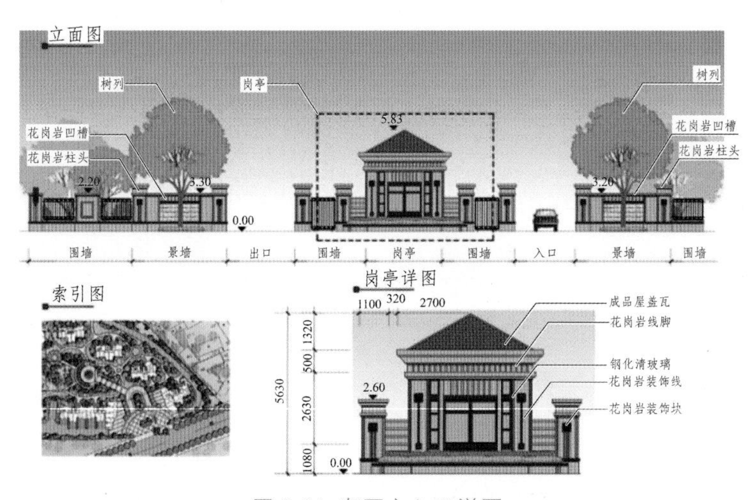

图 5.91 东区主入口详图

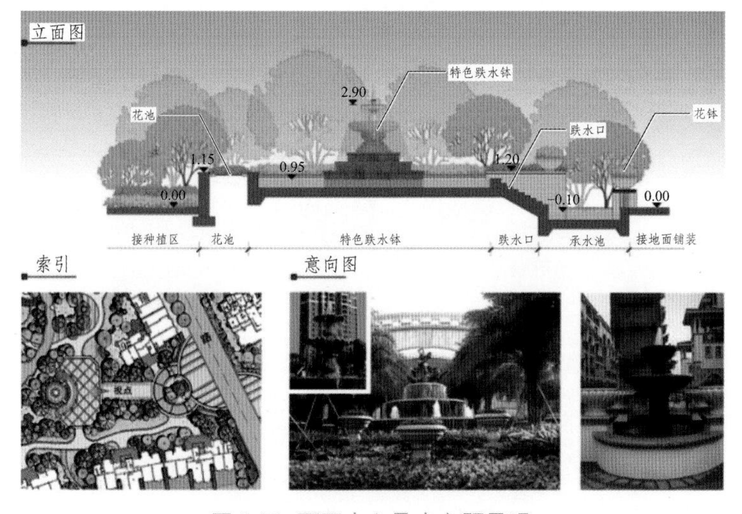

图 5.92 西区中心叠水主题景观

图 5.93　西区中心叠水主题景观

图 5.94　东区中庭平面

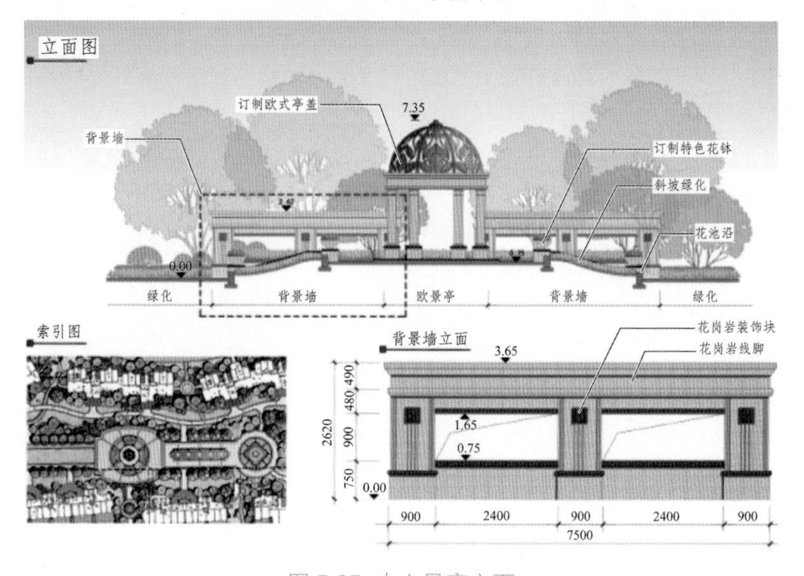

图 5.95　中心景亭立面

图 5.96 宅间绿化

室外家具

室外家具包括垃圾桶，儿童活动设施等，这些元素表现了小区特色与活力。

室外家具也是小区区别其他区间的工具系统，小区资材起到加强小区各部分联系的作用，在充分重视其功能的基础上，通过材质造型的变化，与环境完美融合，旨在建立一套美观实用，兼顾特色的资材系统，使之成为业主日常生活的使用伙伴

图 5.97 室外家具意向

任务六　综合技术经济指标分析

综合技术经济指标是对规划设计方案的质量优劣和先进性、科学性、合理性、经济性进行评价的项目指标，是从量的方面衡量和评价规划质量和综合效益的重要依据，一般由两部分组成：土地平衡及主要技术经济指标。

此外，居住区规划设计方案的评价和优化结果，不仅取决于综合技术经济指标，还要看规划方案的功能合理性、布局结构的科学性、环境质量的创建等，也就是说同样的综合技术经济指标条件下，可能会出现多个方案，要善于运用这些指标，评价出最优方案。

6.1 用地平衡表

1. 用地平衡表的作用

用数量表明住宅区的用地状况；初步审核各项用地分配比例是否科学合理；进行方案比较，检验设计方案用地分配的经济性和合理性；初步评价住宅区的环境质量；方案评定和管理机构审批居住区规划设计方案的重要依据。

2. 用地平衡表的内容

居住区用地包括住宅用地、公共服务设施用地（也称公建用地）、道路用地和公共绿地四项，它们之间存有一定的比例关系，主要反映土地使用的合理性与经济性，它们之间的比例关系及每人平均用地水平是必要的基本指标。具体内容及用地平衡控制指标见表6–1、6–2，图 6.1、图 6.2 以某区为例，说明用地平衡分析。

表 6–1 居住区用地平衡表

用　地		面积 / 公顷	所占比例 /%	人均面积 /（m^2/ 人）
一、居住区用地（R）		▲	100	▲
1	住宅用地（R01）	▲	▲	▲
2	公建用地（R02）	▲	▲	▲
3	道路用地（R03）	▲	▲	▲
4	公共绿地（R04）	▲	▲	▲
二、其他用地（E）		△	—	—
居住区规划总用地		△	—	—

注：▲必要指标，△选用指标。

表 6–2 居住区用地平衡控制指标

序号	用地构成	代码	名称		
			居住区	小区	组团
1	住宅用地	R01	45 ～ 60	55 ～ 65	60 ～ 75
2	公建用地	R02	20 ～ 32	18 ～ 27	6 ～ 18
3	道路用地	R03	8 ～ 15	7 ～ 13	5 ～ 12
4	公共绿地	R04	7.5 ～ 15	5 ～ 12	3 ～ 8
居住区用地		R	100	100	100

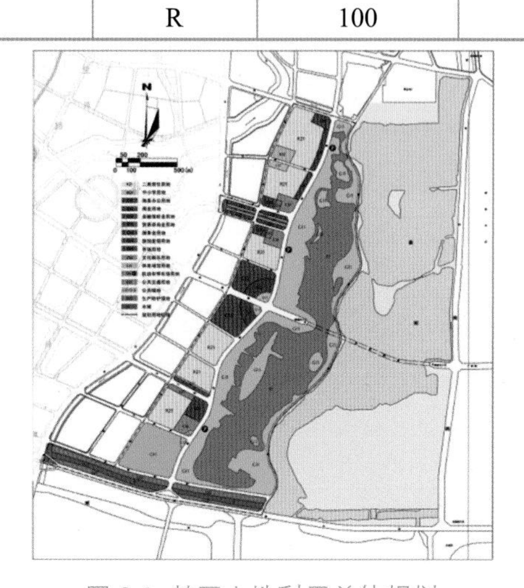

图 6.1 某区土地利用总体规划

规划用地平衡表

规划总用地面积合3.21平方千米
其中：居住用地占13.55%
公共设施用地占14.11%
道路广场用地占8.48%
公交停车场用地占0.29%
公园绿地占31.47%
街头绿地占1.38%
生产防护绿地占3.99%
水域占26.72%

序号	类别	用地名称		用地	
				用地面积/m^2	占规划用地/%
1	R	居住用地		434 733.1	13.55%
		其中	二类居住用地 R21	417 136.1	13.00%
			中小学用地 R02	17 597.0	0.55%
2	C	公共设施用地		452 757.7	14.11%
		其中	商务办公用地 R13	45 446.5	1.42%
			商业用地 C21	51 341.3	1.60%
			金融保险业用地 C22	47 229.9	1.47%
			贸易咨询业用地 C23	60 028.9	1.87%
			服务业用地 C24	17 087.1	0.53%
			旅馆度假用地 C25	23 669.9	0.74%
			市场用地 C26	13 271.8	0.41%
			文化娱乐用地 C36	50 055.2	1.56%
			体育场馆用地 C41	144 627.1	4.51%
3	S	道路广场用地		272 078.0	8.48%
		其中	道路用地 S1	259 759.4	8.09%
			社会停车场库用地 S31	12 318.6	0.38%
4	U	市政公共设施用地（公交） U21		9 463.8	0.29%
5	G	绿地		1 182 560.7	36.85%
		其中	公园 G11	1 010 060.8	31.47%
			街头绿地 G12	44 412.3	1.38%
			生产防护绿地 G22	128 087.6	3.99%
6	E	水域 E1		857 500.5	26.72%
小计		总用地面积		3 209 093.8	100%

图 6.2 用地平衡表

3. 各项用地范围的计算方法

规划总用地是住宅用地、公建用地、公共绿地和道路用地等四项用地的总称。

当规划总用地周界为城市道路、居住区（级）道路、小区路或自然分界线时，用地范围划至道路中心线或自然分界线。

当规划总用地与其他用地相邻，用地范围划至双方用地的交界处。

1）住宅及公共服务设施用地范围的确定

（1）住宅用地范围的确定。

住宅用地指住宅建筑基底占地及其四周合理间距内的用地（含宅间绿地和宅间小路等）的总称，其用地范围按照以下计算方法确定。

① 住宅用地的划分一般以居住区内部道路红线为界，宅前宅后小路属于住宅用地。

② 住宅用地与公共绿地相邻，如果没有道路或其他明确界线时，通常在住宅的长边，以住宅高度的 l/2 计算，在住宅的两侧，一般按 3 ~ 6 m 计算。

③ 住宅用地与公共服务设施相邻的，以公共服务设施为界。

（2）公共服务设施用地范围的确定。

公共服务设施用地是与居住人口规模相对应配建的，为居民服务和使用的各类设施的用地，应包括建筑基底占地及其所属场院、绿地和配建停车场等，其用地范围按照以下计算方法确定。

① 明确划定建筑基地界线的公共服务设施，例如幼托、中小学等均按基地界线划定。

② 未明确划定基地界线的公共设施，例如综合副食店、菜场等，可按建筑基底占用土地及建筑物四周所需利用的土地划定界线。

（3）底层公建住宅或住宅公建综合楼用地面积应按下列规定确定。

① 住宅和公建各占该幢建筑总面积的比例分摊用地，并分别计入住宅用地和公建用地。

② 底层公建突出于上部住宅或占有专用场院或因公建需要后退红线的用地，均应计入公建用地。

（4）底层架空建筑用地面积的确定。

应按底层及上部建筑的使用性质及其各占该幢建筑总建筑面积的比例分摊用地面积，并分别计入有关用地内。

2）公共绿地用地范围的确定

公共绿地指满足规定的日照要求、适合于安排游憩活动设施、供居民共享的集中绿地，应包括居住区公园、小游园和组团绿地及其他块状或带状绿地等；不包括住宅日照间距之内的绿地、公共服务设施所属绿地和非居住区范围内的绿地。公共绿地用地面积计算方法确定：

（1）宅旁（宅间）绿地面积计算的起止界规定 绿地边界自宅间路、组团路和小区路算到路边，当小区路设有人行便道时算到便道边，居住区路、城市道路则算到红线；距房屋墙脚 1.5 m；对其他围墙、院墙算到墙脚。

（2）道路绿地面积计算 以道路红线内规划的绿地面积为准计算。

（3）院落式组团绿地面积计算起止界的规定 绿地边界距宅间路、组团路和小区路路边 1 m；当小区路有人行便道时算到人行便道边；临城市路、居住区级道路时算到道路红线；距房屋墙脚 1.5 m。

（4）开敞型院落组团绿地 应符合表 6–3 的要求；至少有一个面向小区路，或向建筑控制线宽度不小于 10 m 的组团级主路敞开，并向其开设绿地的主要出入口。

表 6–3 院落式组团绿地设置规定

封闭型绿地		开敞型绿地	
南侧多层楼	南侧高层楼	南侧多层楼	南侧高层楼
$L \geqslant 1.5L_2$ $L \geqslant 30$ m	$L \geqslant 1.5L_2$ $L \geqslant 50$ m	$L \geqslant 1.5L_2$ $L \geqslant 30$ m	$L \geqslant 1.5L_2$ $L \geqslant 50$ m
$S_1 \geqslant 800\ \text{m}^2$	$S_1 \geqslant 1\ 800\ \text{m}^2$	$S_1 \geqslant 500\ \text{m}^2$	$S_1 \geqslant 1\ 200\ \text{m}^2$
$S_1 \geqslant 1\ 000\ \text{m}^2$	$S_1 \geqslant 2\ 000\ \text{m}^2$	$S_1 \geqslant 600\ \text{m}^2$	$S_1 \geqslant 1\ 400\ \text{m}^2$

注：① L— 南北两楼正面间距（m）；L_2— 当地住宅的标准日照间距（m）；S_1— 北侧为多层楼的组团绿地面积（m^2）；S_2— 北侧为高层楼的组团绿地面积（m^2）。
② 开敞型院落式组团绿地应符合图 6.3 的规定。

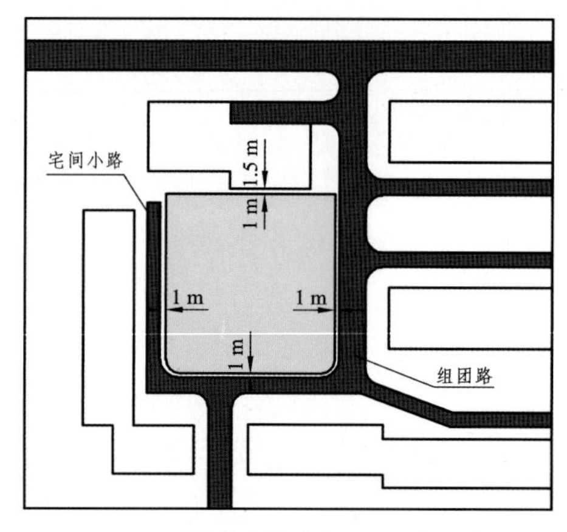

图 6.3 开敞型院落式组团绿地示意图

（5）其他块状、带状公共绿地面积计算的起止界 同院落式组团绿地。沿居住区（级）道路、城市道路的公共绿地算到红线。

3）道路用地范围的确定

道路用地是居住区道路、小区路、组团路及非公建配建的居民汽车地面停车场地。其用地范围按照以下计算方法确定：

（1）与居住人口规模相对应的同级道路及以下各级道路计算用地面积，外围道路不计入。

（2）居住区（级）道路，按红线宽度计算。

（3）小区路、组团路，按路面宽度计算。当小区路设有人行便道时，人行便道计入道路用地面积。

（4）居民汽车停放场地、回车场按实际占地面积计算。

（5）宅间小路不计入道路用地面积。

（6）公共建筑用地界限外的人行道或车行道均按道路用地计算，属于公共建筑专用的道路不计入道路面积。

4）其他用地范围的确定

（1）规划用地外围的道路算至外围道路的中心线。

（2）规划用地范围内的其他用地，按实际占用面积计算。

6.2 主要技术经济指标

1. 主要技术经济指标的内容

目前，我国各地现行的技术经济指标的表格不统一。表 6-4 参照《城市居住区规划设计规范 GB 50180—1993（2002 年版）》列出了用地平衡表以外的主要技术经济指标表，供参照。

表 6-4　技术经济指标系列一览表

项　目	计数单位	数值	所占重 /%	人均面积 /（m^2/ 人）
居住户（套）数	户（套）	▲	—	—
居住人数	人	▲	—	—
户均人口	人 / 户	△	—	—
总建筑面积	$10^4 m^2$	▲	—	—
居住区用地内建筑总面积	$10^4 m^2$	▲	100	▲
①住宅建筑面积	$10^4 m^2$	▲	▲	▲
②公建面积	$10^4 m^2$	▲	▲	▲
2. 其他建筑面积	$10^4 m^2$	△	—	—
住宅平均层数	层	▲	—	—
容积率（居住区建筑面积毛密度）	$10^4 m^2/hm^2$	▲		
建筑密度	%	▲	—	—
绿地率	%	▲	—	—
住宅建筑净密度	%	▲	—	—
住宅建筑套密度（毛）	套 /hm^2	▲	—	—
住宅建筑套密度（净）	套 /hm^2	▲	—	—
住宅建筑面积毛密度	$10^4 m^2/hm^2$	▲	—	—
住宅建筑面积净密度	$10^4 m^2/hm^2$	▲	—	—
停车率	%	▲	—	—
停车位	辆	▲		
地面停车率	%	▲		
地面停车位	辆	▲		
拆建比	—	△	—	—
高层住宅比例	%	△	—	—
中高层住宅比例	%	△	—	—
人口毛密度	人 /hm^2	△	—	—
人口净密度	人 /hm^2	△	—	—

注：▲必要指标；△选用指标。

2. 指标解释及计算方法

（1）住宅平均层数：住宅总建筑面积与住宅基底总面积的比值（层）。在规划中反映低层、多层、高层、超高层所占的比例情况。

$$住宅平均层数=\frac{住宅总建筑面积}{住宅基底总面积}(层)$$

（2）高层住宅（大于等于 10 层）比例：高层住宅总建筑面积与住宅总建筑面积的比率（%）。

（3）中高层住宅（7 ~ 9层）比例：中高层住宅总建筑面积与住宅总建筑面积的比率（%）。

（4）人口毛密度：每公顷居住区用地上容纳的规划人口数量（人 /hm^2），其中，总人口数 = 总户数 ×3.5（3.5 为每户平均的人口数）。

$$人口毛密度=\frac{规划总人口}{居住用地总面积}\ （人/hm^2）$$

（5）人口净密度：每公顷住宅用地上容纳的规划人口数量（人 /hm^2）。

$$人口净密度=\frac{规划总人口}{住宅用地总面积}\ （人/hm^2）$$

（6）住宅建筑套密度（毛）：每公顷居住区用地上拥有的住宅建筑套数（套 /hm^2）。

（7）住宅建筑套密度（净）：每公顷住宅用地上拥有的住宅建筑套数（套 /hm^2）。

（8）住宅建筑面积毛密度：每公顷居住区用地上拥有的住宅建筑面积（10^4 m^2/hm^2）。

$$住宅建筑面积毛密度=\frac{住宅总建筑面积}{居住用地面积}\ （m^2/hm^2）$$

（9）住宅建筑面积净密度：每公顷住宅用地上拥有的住宅建筑面积（10^4m^2/hm^2）。

$$住宅建筑面积净密度=\frac{住宅建筑总面积}{住宅用地面积}\ （m^2/hm^2）$$

（10）容积率：也称为建筑面积毛密度，是每公顷居住区用地上拥有的各类建筑的建筑面积（10^4m^2/hm^2）或以居住区总建筑面积（10^4m^2）与居住区用地（10^4m^2）的比值表示。在规划用地范围内，按照规划条件要求，所布置建筑物的容量（总建筑面积）容积率与布置的建筑物间距层数有关，在相同容积率要求下，其层数越高，建筑密度越低。

$$总积率=\frac{总建筑面积}{在用地面积}$$

（11）住宅建筑净密度：住宅建筑基底总面积与住宅用地面积的比率（%）。

$$住宅建筑净密度=\frac{住宅建筑基地总面积}{住宅用地面积}(\%)$$

（12）建筑密度：居住区用地内，各类建筑的基底总面积与居住区用地面积的比率（%）。在规划用地范围内，各类建筑的数量，按着总体规划地形、气候、防火等条件的要求，其建筑密度与房屋的间距、建筑层数、层高、建筑布置形式等有关。

（13）绿地率：居住区用地范围内各类绿地面积的总和占居住区用地面积的比率（%）。

绿地应包括：公共绿地、宅旁绿地、公共服务设施所属绿地和道路绿地（即道路红线内的绿地），其中包括满足当地植树绿化覆土要求、方便居民出入的地下或半地下建筑的屋顶绿地，不应包括屋顶、晒台的人工绿地。

（14）停车率：居住区内居民汽车的停车位数量与居住户数的比率（%）。

（15）停车场车位数的确定以小型汽车为标准当量表示，其他各型车辆的停车位，应按表 6–5 换算。

表 6–5　各种车辆的换算系数

车　型	换算系数
小型客车	1.0
大型客车	2.0
大型货车	2.5
铰接车	3.0

（16）地面停车率：居民汽车的地面停车位数量与居住户数的比率（%）。

（17）拆建比：拆除的原有建筑总面积与新建的建筑总面积的比值。“拆建比”在一定程度上可反映开发的经济效益，是旧区改建中的一个必要的指标，在新建居住区中不作为必要的指标。

3. 主要技术经济控制指标分析

1）人均居住区用地控制指标分析

即每人平均占有居住区用地面积的控制指标，按平均每居民多少平方米来计算。人均居住区用地控制指标，应符合表 6–6 规定。

表 6–6　人均居住区用地控制指标　m^2/ 人

居住区规模	住宅层数	建筑气候区划		
		Ⅰ、Ⅱ、Ⅵ、Ⅶ	Ⅲ、Ⅴ	Ⅳ
居住区	低层	33 ~ 47	30 ~ 43	28 ~ 40
	多层	20 ~ 28	19 ~ 27	18 ~ 25
	多层、高层	17 ~ 26	17 ~ 26	17 ~ 26
小区	低层	30 ~ 43	28 ~ 40	26 ~ 37
	多层	20 ~ 28	19 ~ 26	18 ~ 25
	中高层	17 ~ 24	15 ~ 22	14 ~ 20
	高层	10 ~ 15	10 ~ 15	10 ~ 15
组团	低层	25 ~ 35	23 ~ 32	21 ~ 30
	多层	16 ~ 23	15 ~ 22	14 ~ 20
	中高层	14 ~ 20	13 ~ 18	12 ~ 16
	高层	8 ~ 11	8 ~ 11	8 ~ 11

本表的控制指标对居住区用地具有一定控制作用：一是控制低层，对低层住宅的用地指标，上限不宜太高，以限制建过多的低层特别是平房住宅；二是中高层住宅上下限指标扣得较紧，以限制只有在要求达到一定的密度而多层住宅又达不到所要求的密度时，才考虑建中高层住宅。

2）住宅建筑面积净密度的最大值分析

重要指标。由于居住区用地中，住宅用地具有一定的比例，因而在一定的住宅用地上，住宅建筑面积净密度高，该居住区的居住密度相应也高，反之，居住密度相应越低。

我国居住区规划建设中目前存在的问题和倾向，主要是提高密度以最大可能地提高经济效益，而不顾居住区环境质量，因此，住宅建筑面积净密度最大值不宜超过表 6-7 的规定。

表 6-7 住宅建筑面积净密度的最大值 $10^4m^2/ha$

住宅层数	建筑气候区划		
	Ⅰ、Ⅱ、Ⅵ、Ⅶ	Ⅲ、Ⅴ	Ⅳ
低层	1.10	1.20	1.30
多层	1.70	1.80	1.90
中高层	2.00	2.20	2.40
高层	3.50	3.50	3.50

注：1. 混合层取两者的指标值作为控制指标的上、下限值。
2. 本表不计入地下层面积。

3）住宅建筑净密度的最大值分析

目前我国居住区规划建设中存在建筑密度日趋增高的倾向，而几乎不存在建筑密度过低的现象，为使居住区用地内有合理的空间，以确保居住生活环境质量，故本指标仅对住宅建筑净密度最大值提出控制。住宅建筑净密度的最大值不应超过表 6-8 的规定。

表 6-8 住宅建筑净密度最大值控制指标 %

住宅层数	建筑气候区划		
	Ⅰ、Ⅱ、Ⅵ、Ⅶ	Ⅲ、Ⅴ	Ⅳ
低层	35	40	43
多层	28	30	32
中高层	25	28	30
高层	20	20	22

注：混合层取两者的指标值作为控制指标的上、下限值。

住宅建筑净密度越大，即住宅建筑基底占地面积的比例越高，空地率就越低，绿化环境质量也相应降低，所以本指标是决定居住区居住密度和居住环境质量的重要因素，必须合理确定。

4）居住区公建的配建指标（表 6-9）

表 6-9 公共服务设施千人控制指标 m^2/ 千人

规 模		建筑面积	用地面积	建筑面积	用地面积	建筑面积	用地面积
总指标		1 668 ~ 3 293（2 228 ~ 4 213）	2 172 ~ 5 559（2 762 ~ 6 329）	968 ~ 2 397（1 338 ~ 2 977）	1 091 ~ 3 835（1 491 ~ 4 585）	362 ~ 856（703 ~ 1 356）	488 ~ 1 058（868 ~ 1 578）
其中	教育	600 ~ 1 200	1 000 ~ 2 400	330 ~ 1 200	700 ~ 2 400	160 ~ 400	300 ~ 500
	医疗卫生（含医院）	78 ~ 198（178 ~ 398）	138 ~ 378（298 ~ 548）	38 ~ 98	78 ~ 228	6 ~ 20	12 ~ 40
	文体	125 ~ 245	225 ~ 645	45 ~ 75	65 ~ 105	18 ~ 24	40 ~ 60
	商业服务	700 ~ 910	600 ~ 940	450 ~ 570	100 ~ 600	150 ~ 370	100 ~ 400
	社区服务	59 ~ 464	76 ~ 668	59 ~ 292	76 ~ 328	19 ~ 32	16 ~ 28
	金融邮电（含银行、邮电局）	20 ~ 30（60 ~ 80）	25 ~ 50	16 ~ 22	22 ~ 34	—	—
	市政公用（含居民存车处）	40 ~ 150	70 ~ 360（500 ~ 960）	30 ~ 140（400 ~ 720）	50 ~ 140（450 ~ 760）	9 ~ 10（350 ~ 510）	20 ~ 30（400 ~ 550）
	行政管理及其他	46 ~ 96	37 ~ 72	—	—	—	—

注：① 居住区级指标含小区和组团级指标，小区级含组团级指标。
② 公共服务设施总用地的控制指标应符合本表规定。
③ 总指标未含其他类，使用时应根据规划设计要求确定本类面积指标。
④ 小区医疗卫生类未含门诊所。
⑤ 市政公用类未含锅炉房。在采暖地区应自行确定。

配建公共停车场（库）的停车位应满足表 6-10 的控制指标，这是最小的配建数值，有条件的地区宜多设一些，以适应居住区内车辆交通的发展需要。

表 6-10 配建公共停车场（库）停车位控制指标

名 称	单 位	自行车	机动车
公共中心	车位 /100 m^2 建筑面积	大于或等于 7.5	大于或等于 0.45
商业中心	车位 /100 m^2 营业面积	大于或等于 7.5	大于或等于 0.45
集贸市场	车位 /100 m^2 营业场地	大于或等于 7.5	大于或等于 0.30
饮食店	车位 /100 m^2 营业面积	大于或等于 3.6	大于或等于 0.30
医院、门诊所	车位 /100 m^2 建筑面积	大于或等于 1.5	大于或等于 0.30

注：① 本表机动车停车车位以小型汽车为标准当量表示。
② 其他各型车辆停车位的换算办法，应符合有关规定。

5）绿地率

根据我国各地居住区规划实践，新区建设不应低于 30%，旧区改建不宜低于 25%。

6）停车率

居民汽车停车率不应小于 10%；居住区内地面停车率（居住区内居民汽车的停车位数量与居住户数的比率）不宜超过 10%。

参考文献

[1] 李德华. 城市规划原理 [M]. 北京：中国建筑工业出版社，2010.
[2] 朱家瑾. 居住区规划设计 [M]. 北京：中国建筑工业出版社，2007.
[3] 陈有川 .《城市居住区规划设计规范》图解 [M]. 北京：机械工业出版社，2015.
[4] 汪晖. 居住区景观规划设计 [M]. 南京：江苏科学技术出版社，2014.
[5] 张燕. 居住区规划设计 [M]. 北京：北京大学出版社，2012.
[6] 苏晓毅. 居住区景观设计 [M]. 北京：中国建筑工业出版社，2010.
[7] 周燕珉. 住宅精细化设计 [M]. 北京：中国建筑工业出版社，2008.
[8] 武勇. 居住区规划设计指南及实例评析 [M]. 北京：机械工业出版社，2009.
[9] GB 50016—2006 建筑设计防火规范 [S].
[10] GB 50067—1997 汽车库、修车库、停车场设计防火规范 [S].
[11] GB 50045—1995（2005 年版）高层民用建筑设计防火规范 [S].
[12] GB 50180—1993（2002 年版）城市居住区规划设计规范 [S].
[13] CJJT 97—2003 城市规划制图标准 [S].
[14] CJJ 83—1999 城市用地竖向规划规范 [S].
[15] 公安部建设部 [88] 公（交管）（90 号 1998），停车场规划设计规则（试行）[S].
[16] GB 50368—2005 住宅建筑规范 [S].